品读大连

浪里寻味

大连海鲜

韩延风 著

大连出版社

DALIAN PUBLISHING HOUSE

图书在版编目（CIP）数据

浪里寻味·大连海鲜 / 韩延风著. — 大连：大连
出版社，2022.11
（品读大连）
ISBN 978-7-5505-1772-1

Ⅰ.①浪… Ⅱ.①韩… Ⅲ.①海鲜菜肴—菜谱—大连
Ⅳ.①TS972.126

中国版本图书馆CIP数据核字(2022)第142853号

LANGLI XUNWEI · DALIAN HAIXIAN

浪里寻味 · 大连海鲜

出 版 人：代剑萍
策划编辑：刘明辉　代剑萍　卢　锋
责任编辑：卢　锋　乔　丽
摄　　影：李雪劲
封面设计：盛　泉
版式设计：对岸书影
责任校对：安晓雪
责任印制：刘正兴

出版发行者：大连出版社
　　地址：大连市高新园区亿阳路 6 号三丰大厦 A 座 18 层
　　邮编：116023
　　电话：0411-83620573/83620245
　　传真：0411-83610391
　　网址：http://www.dlmpm.com
　　邮箱：dlcbs@dlmpm.com
印　刷　者：大连金华光彩色印刷有限公司
经　销　者：各地新华书店

幅面尺寸：170mm×240mm
印　　张：7.25
字　　数：120 千字
出版时间：2022 年 11 月第 1 版
印刷时间：2022 年 11 月第 1 次印刷
书　　号：ISBN 978-7-5505-1772-1
定　　价：32.00 元

目　录

海味当家

　　都说当家不容易。总要有海鲜替大连海味当家。

　　靠实力当家自不必说。可当家的承受了多少压力、非议，还要勇于承担、敢于吃亏，这多少有点儿难啊！

　　说你价格卖高了，说你分量掺水了，说你产地不对了，说你养殖的不值米（钱）了……

　　这么多年，起起伏伏、恩恩怨怨，你们还在当家，用自己的一生撑起大连海味一片天。

　　我选的这些当家的可还行？

对海参这只"海虫子"的雅俗认知

在大连说起海参，甭管你真懂假懂，人人都能白话出三五个话题。北纬39度，獐子岛；冻干，盐渍；冬至进补，葱爆海参……可要我说，这些都是浮云，不是海参的真谛。

能让我看上7遍的书，目前为止除了《哈利·波特》，就是邓刚的长篇小说《白海参》。这部以"文革"为时代背景的小说，最吸引我的不是其中明喻暗喻的政治斗争，而是邓刚以自传形式描写的海碰子的真实生活。

白海参成为小说当之无愧且最引人入胜的线索。寻找这个让海碰子们梦寐以求的海宝的过程，被邓刚用离奇的故事、喧嚣的海景、独特的海碰子语言层层渲染、节节升级，最后达到阅读的高潮——他真的捉到了一只白海参！

初读白海参的情节，我想当然地认为白海参是作者为写作需要而臆造的。等到被故事深深地感染，我就坚信一定有白海参这种东西。于是扔下没看完的小说，上网查到了一段令我惊喜不已的文字：白海参是刺参的一个遗传变异品种，在自然界极为罕见，其体内硒的含量是普通海参的几倍乃至十几倍，对肿瘤的生长有很好的抑制作用，能有效抗癌，是代表未来海参产业发展方向的一种海参新品种。

为了这只"白海参"的隆重出场，邓刚用了大量"黑海参"做铺垫和衬托，所以想知道海参的种种习性，看这部小说就足够了。

海碰子们说，什么海鲜刚出水都能吃，唯独海参不行，因为它又苦又咸。专家们给出了更科学的解释：海参是软体动物，生活在深水中，体内没有支撑身体的骨骼。而海水深度每增加10米，生物承受的压力便增加一个大气压，为了适应深水，海参的细胞壁比较厚，这导致了海参很难消化。科学研究分析，鲜海参营养物质的消化吸收率仅有10%，所以食用海参不是越新鲜越好。

俺替百姓说句公道话，不吃鲜海参的话，那些所谓"干海参"都卖到了七八千块钱1斤，叫俺们咋吃！

还有更吓人的。前两天看《城市信报》的记者暗访烟台一个做糖干海参加工的小渔村，把海参深埋在糖水里浸泡四五天后，再在烤箱中放置六七天，海参表面挂着的晶莹的糖粒就会慢慢变得看不出来了。做盐干海参，本来用盐"闯"个一两次就行了，有的人会"闯"到十遍左右，当然"闯"的遍数越多，海参体内的盐分越大，海参会变得越不值钱，甚至会造成海参发完后变得稀烂根本就没法吃了。至于什么刷墨水的、加明矾的就更坑人了，当地人说他们基本不吃干海参。

虽然吃海参的热潮已涌向全国，但我早已不再吃海参。关于海参的美好记忆，只有在邓刚的《白海参》里寻找了。

海味当家

刺锅子先兵后礼的营养美味

百度百科关于"海胆"的分类中，有一种叫作"大连紫海胆"，意即此为其中一个分支，且只有大连才有。为大连争口气的可不光是"大连紫海胆"。广州有名的海胆特色专门店的老板接受媒体采访时说："我们常吃的海胆有三种，紫海胆、马粪海胆和黄海胆。"上述三种海胆在国内都以大连海域出品的为最佳。大连海域的水深、清、冷，水越冷，海胆生长就越缓慢，发育完全，口感就越鲜甜。可见，咱不是王婆卖瓜。

无论想了解大连的哪一种海鲜，我总爱去邓刚的作品里找。因为没有哪个大连籍作家那样热爱大连，又那样了解大海，且有那么质朴的语言风格。

邓刚在小说《白海参》里描写了大连海域的几乎所有海洋生物，有详写，有略写。对海胆这么有大连特色的海鲜，他自然倾注了热情。有一段细致的描述，讲的是怎么"碰"海胆——"海碰子刚学扎猛，先扎刺锅子（海胆的俗称）。你可别小看这些行动迟缓的家伙，你的手掌似乎还没挨近它，就被它刺得伤痕累累。刺尖刺进你的皮肉里，便立即自动断开，把刺尖留在你的皮肤里，刺尖不长时间就融化成水，这股水叫你又疼又痒，不几天被刺的地方便鼓出个难看的疙瘩。不过你只要以迅雷不及掩耳的速度，飞快地用手扫它一下，使它来不及反应，这家伙便一个筋斗翻过身子，惊慌失措地向你投降。"我特羡慕那些海碰子，对海鲜如此了解，那吃起来的味道怎么能和我们一样！

吃海胆最重要的是新鲜。中国沿海150多种海胆的营养价值差别并不大，差在新鲜度和口感上。最好、最贵的当属七八月的紫海胆，性成熟了，有膏了。紫海胆从5月开始上市，吃到9月中旬。接下来就是黄海胆的天下，从10月到次年3月都有。马粪海胆霸占市场则在3～5月。我们吃的海胆黄实际是它的生殖腺，富含卵磷脂、蛋白质、核黄素、硫胺素、脂肪酸等物质，每一种都是好东西。海胆本身也是一种有名的中药材，能软坚散结，化痰消肿。

著名美食专栏作家殳俏说，吃海胆的最高境界乃是一碗生鲜的海胆饭。我们大连人说，才不是呢，一定是生吃海胆，而且是不加任何调料，不佐任何饭食的。因为那种鲜甜不用调料来画蛇添足，亦不能被任何饭食所干扰。

朋友曾请我吃过一个我见过的最大紫海胆（估计今天及以后的人们已经浮躁得等不到它长那么大了），不算刺，直径达到8厘米。听海边的朋友说，这么大的海胆生长期怎么也得四五年，所以我很敬畏它。吃完后，我把海胆壳整个拿回家，拔掉所有的刺，洗净内壳，在阳光下暴晒了两天，再拿回来放在办公桌上当了笔筒，人人见了都称奇。

做一只有独立精神的鱿鱼

　　大连并非鱿鱼的主产区，所以相较主产区台湾和两广地区，我们的吃法相对简单：除了最流行又直接的街头烤鱿鱼外，就是辣炒鱿鱼丝或炸鱿鱼圈了，再有一种就是当作零食吃的干鱿鱼丝。

　　而在台湾，地方小吃网络票选第一名就是一家叫作"阿国狮嘴大王鱿鱼焿"的店。"焿"字音gēng，焿子寮湾"是个地名，位于台湾东北海岸。去台湾旅游过的人都知道，这个"焿"字遍布台湾的大街小巷，其实与"羹"同音同义，就是"羹汤"的意思。这家鱿鱼焿店之所以自称"嘴大王"，是因为他们的鱿鱼焿是用鱿鱼的嘴做主料，再配以独家配制的卤料，才做出闻名天下的"鱿鱼嘴焿"。若不是看到这么个吃法，大连人大概不会注意到鱿鱼的嘴长在哪里，更不会想到台湾人会把鱿鱼吃到如此境界。

　　不过话说回来，我总觉得还是俺们的街头烤整条鱿鱼来得痛快，香得淋漓尽致，不像他们那所谓的"焿"，用那些笋丝、蛋丝、香菇去烘托那深藏不露的"嘴"，实在是矫情。咱体会的是直截了当，大快朵颐。当年还一元一只的时候，几乎天天都要站在街头来一只，小贩们烤的就是好吃，烤

好的鱿鱼滋滋地冒着汤汁，就着辣酱唑唑哈哈地大嚼大咬，那叫一个过瘾！现在也不知是因为鱿鱼贵了，还是做买卖的人更精明了，总之，把鱿鱼的须斩下来烤鱿鱼须，再把大块的鱿鱼切成小块烤，虽未像台湾人那样连嘴都做出各种花样来，反正小气了许多。后来自己在家尝试烤，总感觉缺了些街头的火气和粗犷，温吞吞的不赶劲儿。

　　说到鱿鱼，还有个趣事。早年在大连外国语大学教外国留学生汉语的时候，曾有一个来自德国的留学生问我辞退员工为什么叫"炒鱿鱼"，而不叫"炒海螺"或"炒海带"。我就解释说，你在烹炒鱿鱼的时候，鱿鱼片会从平直的形状，慢慢卷起来成为圆筒状，这和卷起的铺盖外形差不多。而在古代，雇工的铺盖都是自带的，若老板开除你，只能卷起铺盖走人，所以后来就这么用了。好奇的留学生从未吃过炒鱿鱼，更想看看这"铺盖"到底是怎么卷起来的，于是我把他领回家，正式给他做了一道炒鱿鱼。看到鱿鱼片卷起来的瞬间，他乐得直蹦，不停地赞叹汉语的博大精深。

　　鱿鱼这种海洋生物最让人敬佩的还是它的求生精神，这点在美国故事片《鱿鱼和鲸》里得到充分体现。这部获"美国独立精神奖"六项提名的影片，说的是主人公在历经生活的磨难后，终于能够直面自然博物馆中那个自童年以来一直让他因恐惧而难以面对的陈列物：一条粉红色的小鱿鱼正用它的八爪死死缠住一条巨大鲸鱼的牙齿，彼此僵持在那里。影片的寓意是：生活是鲸鱼，我们是鱿鱼。如同精神分析学家威尔汉姆说的："一个不成熟的男子的标志是他愿意为某种事业英勇地死去；一个成熟的男子的标志是他愿意为某种事业卑贱地活着。"鱿鱼这个成熟的男子就是这样抵死缠着鲸鱼的牙齿而卑贱地活下去。

海味当家

刀鱼这条令人纠结的鱼

说起刀鱼，我立马就要纠结，因为马上想到的是"产量稀少""绝种了""渤海刀""1500元1斤""如何辨别真假""眼珠小的白的嘴尖的"……好像作为消费者，没有识别真假渤海刀的本事就不配吃刀鱼；作为鱼贩子，卖不出真的渤海刀还以次充好就该千刀万剐；作为出产渤海刀的渤海海域，产不出我们30年前吃的正宗渤海刀就对不起大连人！你说这是不是一条令人纠结的鱼！

我买刀鱼就一个标准，就是应季。俗话说：秋风起，刀鱼肥。每年一立秋，刀鱼刚一上市，我就去尝鲜。那时的刀鱼尺把长，窄窄的，看着不起眼，其实最鲜。也不买贵的，对鱼贩子说的什么渤海刀更是充耳不闻，就是买25～35元1斤的。一条鱼连头加上也就能剁成4块，鱼小不用划刀，用最普通的炖鱼的方法，几乎不加什么额外的作料，诀窍是要熬到锅干但未煳锅，那满屋就只充满鱼香了。筷头触到鱼肉上软软的，吃一口，嫩、鲜，不腥。反倒是吃大的刀鱼，就会觉得柴，不易入味，有时又"粉粉"的，马上开始纠结这是不是真正的渤海刀。

有时感觉媒体就像添乱似的，本来刀鱼就是一种普通的鱼，季节不同，品种不同，总是有好吃的时候，有口感差的时候。他们非要提醒你非"渤海刀"不吃，吃了"非渤海刀"就是吃了天大的亏，把个"渤海刀"的概念炒得翻天覆地。其实，"60后""70后"早忘了小时候吃的渤海刀到底是啥味儿，"80后""90后"压根儿不知渤海刀为何味儿，一个时代的人感受一个时代的味

儿，呼吁环保是一回事，你们整些快绝种了的鱼来眼馋俺们是何苦来的呢！

我们北方人吃刀鱼，不像南方人弄出什么打鱼面、捏鱼丸、炒鱼松、做盘菜等花样，无非是烧、炖、煎、炸四法。虽说刀鱼一向不上宴席，但它还是大连人最喜吃的一种鱼，新鲜的就炖，稍差点儿的就炸，都好吃得能让你干掉两碗大米饭。

刀鱼无论在南在北，都是为渔业做出巨大贡献的经济鱼类，所以关于它的渔谚特别多，也特有趣。像"白露天，刀鱼满船尖"是说刀鱼从立秋洄游，到白露形成秋季鱼汛；而"乌贼靠拖来，刀鱼靠冻来"是说水温低，刀鱼产量就高；"冬至过，年关末，刀鱼成柴片"意思是冬至到春节前天气寒冷，刀鱼会像木柴一样肥厚；"冬至前后，刀鱼相咬"则说的是刀鱼同类相残，互相咬尾且不松口的生活习性，渔民们钓捕时，钓到的是一条，有时提出海面却是一串；"刀鱼尖溜溜，一夜走九洲"说的是刀鱼洄游的特性。

随着刀鱼被炒热的还有一个词，叫"待余"，是"带鱼"的谐音，是指那些待业而又感觉自己多余的人，真是和炙手可热的"渤海刀"形成了鲜明对比。不过"待余"们不必气馁，"渤海刀"再金贵已成历史，你们还有机会翻身。

海蜇的一生随和却不乏个性

海蜇是一款很有个性的海鲜。和海参一样，它的进攻能力差，但再生性超强；几乎不能自泳，只能随波逐流；没有眼睛，靠栖息在它伞盖顶的小虾为它预警，但却可以用它独有的含毒触手抵御敌害；如果不幸搁浅或被捉，就拿出"玉碎瓦全"的劲儿让自己人间蒸发，化成一汪水儿，消失得无影无踪。

海蜇给我童年最深刻的印象当然是被"蜇"，这可能也是很多在海边长大的大连孩子的普遍记忆。幸好我不是过敏体质，被蜇的腿上只是起了一道大红绺子，痛痒难当，也只能忍着，过个几日才渐渐退去。姐姐是过敏体质，有海蜇的季节，爸妈从不让她靠近海边，连踢踢水都不行，只有在岸上给我们看衣服的份儿，十分可怜。

海蜇"吃"我在先，我吃海蜇已经是25岁以后的事儿了。早年间不兴吃鲜海蜇，母亲从集市上买回了干海蜇头来，洗去泥沙，用清水浸泡几个小时后，再顺着蜇瓣切成小片待用。把水烧到70℃左右，倒入切好的海蜇头烫一下，立即将沸水倒干，趁热加入老醋、生抽、白糖、味精拌匀，再淋上香油、葱油，一道"老醋蜇头"就大功告成了。蜇头肉厚脆嫩，"咯吱咯吱"的很有嚼头，当时也并不知它有什么营养，换口味而已。

近年鲜海蜇大行其道，我也赶把时髦。以10元3斤的价格从市场上买来鲜海蜇，在清水里泡上三四个小时，一是泡掉沙子，二是泡掉海水的卤味儿。泡好后，把蜇皮切成细小的碎片，像拉皮一样，然后放碗里，倒上醋、蒜泥，再撒些碎香菜，淋点儿芝麻和香油。儿子嫌筷子夹、勺子舀费劲儿，直接拿着大碗往嘴里倒，特爽。鲜海蜇水分大又入味，口感与干海蜇很不同，更脆更爽口，好有解暑的感觉。

美食家们认为海蜇是所有动植物原料中最"随和"的一种食材。因为它本身没有什么味道，全靠别的东西来调剂，与别的食材配合，要什么味儿有什么味儿，且生熟兼备，热炒、凉拌均可。所以，在南通，厨师们推出了"海蜇全席"，以海蜇为主料，用烧、烩、蒸、煮等烹调之法，做成各式各样的海蜇大餐，可谓一大创举。

海蜇的营养价值和药理疗效近年来被广泛传播。一说它是高蛋白、低嘌呤、富含多种矿物质的海鲜，还称它有清胃、润肠、化痰、平喘、消炎、降压等作用。据悉，从海蜇中提取的水母素，在抗菌、抗病毒及抗癌方面均有极强的药理效用。

随着近年海蜇产量的不断减少，海蜇产品的价格也是扶摇直上，看市场上的鲜海蜇头已是9元1斤，而干海蜇头已卖到30元1斤，饭店里的"老醋蜇头"更是在百元左右，实在是吃不起了。无良商贩更是趁机牟利，卖起了什么"人造蜇皮"，真让我们这些热爱蜇皮的人雪上加霜。

繁忙的渔港

虾爬子，想尝鲜先学"剥皮功"

总能在网上看到有人对着虾爬子的图片惊呼：这是什么怪物？这个也能吃？其实，虾爬子在中国沿海从南到北都有出产，不明白为什么那么多人不认识，而且认识的很多人都喊不敢吃。

对俺们土生土长的大连人来说，虾爬子是一种与众不同的海鲜。因为产在黄、渤海沿岸的虾爬子学名叫作"口虾蛄"，是虾蛄（虾爬子）中最美味的一种。虾爬子因产地不同，当地人对它的称呼也不相同。河北和天津人叫它"皮皮虾"，广东人叫它"濑尿虾"，还有叫"虾婆""爬虾""琵琶虾""螳螂虾"的，等等。

虾爬子喜欢栖息在浅水泥沙和礁石裂缝里，但也不知是当时没有吃这个东西的概念，还是家里大人压根儿就不认识这种海鲜，反正小时候没亲手抓过虾爬子，直到念大学回来才知道还有这等美味的海鲜。

若问大连人怎么吃虾爬子最美味，他们一定会说：白水煮。鲜活乱蹦的虾爬子从市场一路往回拎，必定将拎兜折腾得哗哗乱响，等放到铝盆儿里，它们依旧体力充沛地又扭又爬。这等新鲜的虾爬子我都不洗，直接在铝盆儿里接一点儿水（铺上底儿就行），盖上盖儿开大火。随着水温升高，虾爬子扑腾得更猛了，不出两分钟，扑腾声渐渐减弱，预示着虾爬子已经"牺牲"，再过两分钟，开盖验虾，它们通体鲜红，水也几乎蒸发没了，关火稍凉凉，就可以大快朵颐了。

吃虾爬子绝对算是一门手艺。咱大连人吃虾爬子虽没有上海人吃蟹用的八大件，但光凭一双手也足以对付虾爬子的壳壳刺刺。看网友交流怎么吃虾爬子又快又不浪费肉，那真是长见识。通常的吃法是：甭管公母，拿来先扯去它大大小小的肢爪，拧去没肉的大头，小心将前后两片大壳与肉剥离，再

轻轻提着肉身将其从漂亮的尾壳中拉出，一片完整的虾爬子肉就搞定了。我还看过一个吃虾爬子的高手拿来煮好的虾爬子甩啊甩啊，像练武功一样要把虾爬子的筋脉甩断，还别说，甩过一阵儿后，果然见他三下五除二，肉轻松离壳。

不过，再熟练的剥壳人也有烦恼，就是硬壳无可避免地要割破或割伤手指。我一个同学酷爱虾爬子，有天"造"了二斤虾爬子，第二天上班去打卡，打卡机大叫——不认识此人啊！他一看，用来打卡的食指伤痕累累，比老农民的手还粗糙，连指纹都没有了，难怪打卡机不认。过后去跟人力资源部解释，人家说，那没辙，当缺勤扣工资！以后他学精了，再吃虾爬子干脆拿来剪刀，直接剪去两边的小爪和大头，省得硬壳割手。

近年大连人流行腌活虾爬子，我曾经尝试过，的确很鲜美。至于用虾爬子肉打糁氽丸子汤，或用它做三鲜饺子馅就是更讲究的吃法了，前提当然得是鲜活的虾爬子，否则就白费了那些功夫了。

海味当家

海螺其实是个难"伺候"的主儿

　　大连人最早能吃到的海螺，是海螺中的"小弟"——波螺。过去没什么零食，倒是卖波螺的穿街过巷，喊得很勤。每当渔妇尖着嗓子喊："卖波螺咪……"父亲就赶紧趴在窗台上叫住她，带着我下楼去买点儿"零食"。渔妇将透明的小玻璃杯伸进编织袋里，"哗啦"舀起一杯，再添上一小把儿，只要两毛钱。吃波螺的"武器"很简单，只要一把带眼的钥匙。将波螺尖尖的"腚儿"插进钥匙眼里使劲儿一掰，再从波螺的大口处一吸，溜鲜的波螺肉就乖乖地进嘴啦！一个接一个，像嗑瓜子一样过瘾，给小时候单调的生活增添了很多乐趣。现在几乎看不到卖波螺的了，大概鱼贩子们嫌它太便宜了，出力不挣钱。

　　挣钱的海螺当然是大连最常见的红螺。即使每年5～8月盛产期，也要十几元钱1斤。冬天更甭说了，昨天去海鲜档一问，30元1斤，品种稀缺的姜螺

更是卖到了45元1斤。

海味八珍中虽没有海螺，但在我心目中，海螺还是一种高贵的海鲜。因为看惯了海螺壳做的各种漂亮的旅游工艺品，再吃海螺肉，总觉得长在这等美丽的螺壳里，那肉能不金贵吗？

我曾跟做大连老菜的厨师们攀谈，他们对海螺的重视程度不亚于海参和鲍鱼。因为海螺，尤其是香螺（大连长海县出产的一种独有的海螺），肉质细腻、味道鲜美，但如果烹饪不当，肉极易老硬，对厨师的技艺要求很高，做海螺时大家都不敢大意。

在大连老菜里，"爆炒螺片"是一道非常有名的海鲜老菜。其中的要诀就是：将切好的螺片焯水时，时间是5秒。那差不多也就是呼吸一次的时间，超过这个时间海螺就会变硬，口味也会差很多，可见海螺有多难"伺候"。

自己家吃新鲜的海螺通常都不采取把自己"逼上梁山"的做法，而是选择既简单又能保持海螺原汁原味的吃法——蒸或煮。无论蒸煮，时间都要控制在水开后3～5分钟，否则肉会越来越老。有人喜欢用酱油、醋、姜末、香油兑成姜汁，将海螺肉蘸姜汁吃，一为吃得更有味道，二因为海螺是大寒的海鲜，搭配姜汁可祛寒。我还是最爱直接吃，为了一个味道纯正鲜美。

将熟透的海螺肉"旋"出螺壳的确是个技术活儿，用牙签或针插入螺头，沿着螺壳螺旋的方向，慢慢轻转手腕，整个螺肉就能完整"旋"出了。吃时注意将螺头里的两小块脑状物取出扔掉，因其中含有神经毒素，多食易中毒。

螺壳是我们小时候的爱物，用螺壳听大海的波涛声大概是所有大连孩子的浪漫玩法。长大后见过玩到极致的：一个朋友搜罗了各类大海螺，组成了一个海螺乐队，一色儿靓丽女孩，用各色漂亮的海螺合吹出他创作的美妙曲子。这才觉得，我们爱海螺的境界和他比起来还差得很远哪！

高智商的蚆蛸越原生态越接近鲜相

如果你不知"蚆蛸"为何物，那"章鱼保罗"你一定熟悉得很。这只在南非世界杯上"成功预测"了德国队比赛结果的章鱼，在2008年欧洲杯和2010年世界杯两届大赛中，预测14次猜对13次，成功率高达92%，让世人充分见识到了章鱼这种动物的高智商。"蚆蛸"就是咱们大连人对章鱼的一种昵称。

抛开章鱼保罗是否在撞大运不提，科学家证实，章鱼确实有相当发达的大脑，可以分辨镜中的自己，也可以走出科学家设计的迷宫，吃掉迷宫外的螃蟹。它有三个心脏、两个记忆系统，大脑中有5亿个神经元，称得上是逃生高手，为了避开猎食者的捕杀，章鱼除了运用我们熟知的拟态伪装术、舍"腕"，还会用两足"走路"逃生。因此，它被认为是无脊椎动物中智力最高者。

尽管聪明如章鱼保罗，它们还是逃不脱被人类捕食的命运。蚆蛸每年春秋两季上市，早春的蚆蛸也有带崽的，虽不如秋季的肥满，但也可称得上鲜美了。大连人爱鱿鱼胜过蚆蛸，不过近些年也渐渐吃得习惯起来。相比鱿鱼，蚆蛸的肉更厚，爪更粗壮，因此大家通常要将它斩断切块再进行烹饪。

炒蚆蛸通常会用韭菜和尖椒，为的是激发出蚆蛸的鲜味儿和去除腥味儿。凉拌蚆蛸也是大连人吃蚆蛸经常的选择，春天用小葱拌，秋天用大葱

拌，将蚆蛸迅速焯水，加上盐、生抽、香油一拌，葱香和着爽脆鲜嫩的蚆蛸，每嚼一口都是原生态的体验啊！

不过比起韩国人和日本人，咱们吃蚆蛸的方法还远谈不上原生态，他们会用极疯狂的方式表达他们对新鲜蚆蛸的热爱。曾看过日本

节目中生吃蚘蛸比赛，从水槽中捉出一只活蚘蛸，先斩断八爪，让参赛者先吃蠕动的触爪，而后比赛升级，让参赛者直接吃整只蚘蛸。那聪明的蚘蛸岂能轻易就范，于是出现了蚘蛸的八只爪死死扣住参赛者的整张脸，致使参赛者差点儿窒息的恐怖场面，真是尝鲜不要命啊！

我的一位韩国留学生朋友曾请我去她家看她做蚘蛸酱，很是新奇。历经30天的发酵期，当我吃到鲜辣的蚘蛸酱后，就决定学会这招儿，也把它介绍给爱吃之人。找一只腌咸菜用的小陶土罐，将新鲜蚘蛸洗净撒盐除掉水分，再加入朝鲜辣酱、蒜瓣、切成圈的新鲜小红辣椒、盐、鱼露。在罐底铺些松叶（就是松针啦），因为松叶有杀菌的作用，又可帮助发酵，然后将蚘蛸和调料依次倒入，上面再覆盖一层松叶，压上石头，在罐口盖上一条厚毛巾，最后将罐盖盖严。30天后，揭盖即食，也可依自己的口味再拌点儿糖、味精、葱花，等等，就米饭、饼子都行，足够你过上一个月的蚘蛸瘾啦！

对赤贝的最高礼遇是生吃

桃源街早市的海鲜档靠东头第一家专卖各种贝类，总听见有不甚懂海鲜的外地人指着赤贝问：这毛蚶多少钱啊？每逢此时，我就心中暗想：毛蚶要是能长这么大，肉还不得像牛皮一样硬得根本咬不动？不过难怪，本地人有时都不一定能分得清赤贝和毛蚶，更别说外地人了。

虽然它们都属蚶科，壳面膨胀且都有放射肋，但唯一的区别就是大小——毛蚶的咬合齿有50枚，而赤贝的咬合齿有70枚，足见其大小的差异了。所以通常我们在街边的小海鲜店里吃的基本都是"毛蚶拌菠菜"而不是"赤贝拌菠菜"，一是从价格上判断，二是口感上毛蚶确实硬些，不如赤贝鲜嫩，还有一条就是新鲜的赤贝要是用菠菜这等便宜货来陪衬，实在是"鲜花插在牛粪上"，可惜了。

海味当家

在真正的海鲜大餐上，赤贝越来越身份显赫，虽然价格还未能超越海参、鲍鱼这样的老牌海鲜，但在大连人心中，它才是海鲜的新贵，这主要体现在它的"鲜活"上。海参虽也可以"生拌",但对大多数人来说,难掩苦涩坚硬,鲍鱼即使活着捞出来,也得煮熟了吃。赤贝则可以让食客感受到它上一秒还在律动的鲜活劲儿。

生吃赤贝是对赤贝的最高礼遇,也是大连人无上的口福。因为赤贝的主产地就分布在中国、日本及朝鲜沿海,而中国的辽宁渤海湾畔的赤贝由于水温低,口感是最鲜嫩的。据说"旅顺赤贝"还被农业部评为"农产品地理标志产品"呢,可见它的地域独特性。

曾有机会观看高档的日本料理店厨师处理生赤贝。将活赤贝剖取出来,清洗内脏后,将仍然活着的贝肉向台面上大力抛砸,贝肉立即紧缩,这时厨师才熟练地将贝肉切成薄片,铺在蒙有保鲜膜的碎刨冰上,粉嫩红润的贝肉立即绽放出夺目的光彩,与辣根和酱油和匀的佐汁同时上桌,十分诱人。

看网上流行的赤贝吃法有姜汁赤贝、香蒜赤贝、麻酱赤贝、芥末赤贝,等等,大约是怕偶尔吃赤贝的人受不了那所谓的"腥气"才如此为之,虽也有杀菌消毒之意,不过我觉得实在有点儿画蛇添足。我吃赤贝刺身从不蘸任何调料,只为体味那纯正的海的味道。

赤贝能降胆固醇、降血脂,对患有甲状腺肿大、支气管炎、胃病的人尤为适合。还有人用新鲜的赤贝肉做成"赤贝粥",不仅口味独特,更有益气、养阴、润燥、健脾养胃之功效。家里总能收到朋友逢年过节送来的冷冻赤贝肉,并不是不新鲜,但口感与活赤贝相去甚远。我通常就把它们与韭菜为伍,做一顿赤贝馅饺子,也很好吃哦;或与芦笋、彩椒一同爆炒,也算是一道不错的海鲜时蔬料理了。

凶猛海鳝鱼鲜活风干两相宜

　　刚刚过去的端午节让一种鱼成为人们舌尖上的话题和美味，那就是鳝鱼。南方人过端午节讲究吃"五黄"，即黄鳝、黄鱼、黄瓜、咸蛋黄及雄黄酒。但我们大连人说的鳝鱼，并非指黄鳝，而是一种学名叫作"星鳗"的海鳝鱼，它属于近海底层肉食鱼类，而黄鳝则几乎都生活在淡水区域。从生物学上说，星鳗和黄鳝都属于鱼纲，但星鳗属于鳗鲡目康吉鳗科，黄鳝属于合鳃目合鳃鱼科，所以的确是此鳝鱼非彼鳝鱼。

　　尽管海鳝鱼不像黄鳝那么名声在外，但大连人吃起鳝鱼来也是有声有色。由于星鳗有明显的洄游现象，其中的一群被称为"黄、渤海群"，洄游于济州岛西南越冬场与海州湾及渤海之间，每年的5~6月进入海州湾北上，10月以后向东南洄游。所以，当下正是吃海鳝鱼的好季节。享受这个季节的

海味当家

新鲜海鳝鱼，大连人多用红烧、熬汤或做海鲜粥等方式，充分品味它的鲜劲儿，也有年轻人将它切段烧烤。而大连人最有特色的吃法还是等到秋冬，海鳝鱼再次洄游到渤海的时候。善嗅商机的鱼贩会将肥美粗壮的大只海鳝鱼剖开、风干，然后高价出售给会吃的大连人。海鳝鱼的干制品叫"鳗鲞"，大约1米来长，20多厘米宽，体呈银灰色，小刺很多。一般泡去盐分后蒸熟，小火油煎后食用。每年冬天，早市或鱼档上鳝鱼干林立的风景都令人印象深刻，在寒冷的冬季还能吃到如此美味的确是一种不可多得的口福。

由于海鳝鱼不可能网捞，只能一条一条地钓上来，所以市场上也较为罕见。不过对大连的钓鱼客来说，"夜钓鳝鱼"那可是够上一说的。星鳗喜暗，白天多在居穴静卧，晚上或海水浑浊时才外出觅食，因此，夜间出钓的渔获远多于白天，这也是"夜钓鳝鱼"的说法在网钓一族中这么广为流传的原因。

邓刚在著名的小说《迷人的海》中，对老海碰子和小海碰子用鱼叉捕获海鳝鱼（文中的狼牙鳝是海鳝鱼的一种）的惊心动魄的场面描写，从一个侧面形象地反映出海鳝鱼的凶猛。

听海钓的朋友说，通常钓到海鳝鱼后都不摘钩，而是直接剪断鱼线，因为凶猛的海鳝鱼即使被钓上来，也要在钓友摘钩时伺机反咬一口，被咬过的钓友的描述是"痛彻心肺"，这全拜海鳝鱼那细小却锋利尖锐的牙齿所赐，毕竟它们是食肉鱼类。所以如果你想辨别鱼市上叫卖的海鳝鱼是养殖的还是野生的，最好的办法就是看看它的嘴里有没有鱼钩。

我们吃的海鳝鱼是海鳗的一种，它比河鳗的脂肪含量要低得多，它的EPA（二十碳五烯酸）和俗称"脑黄金"的DHA的含量比其他海鲜、肉类均高，因此有预防心血管疾病的作用，DHA还能促进儿童及青少年的大脑发育，也有助于预防大脑功能衰退与老年痴呆症。

比起冬天时每斤100多元的高价鳝鱼干，现在30元1斤的新鲜鳝鱼还是好吃不贵啊！

深海牙片鱼，休渔季的解馋"C位咖"

在南方，曾有饭店起店名叫"鸦片鱼头"，结果惹得媒体集体"围观"，说饭店是吃了熊心豹子胆，敢公开叫卖鸦片，后经证实只是卖的一种鱼头而已，但当地城管部门还是出面制止此饭店以"鸦片"为噱头吸引食客。如果在大连，媒体肯定不会这么短见少识，即使饭店写成"鸦片"，民众也会自动翻译成"牙片"，更有见识的会知道人家商家指的是一种学名叫"牙鲆"的鱼。

也怪不得南方人大惊小怪，俗称牙片鱼的牙鲆，作为黄、渤海地区的名贵鱼种，咱大连人也不过是近几年才吃上了全乎儿的，而南方人大多还在吃它的鱼头，原因是它的鱼身都卖给爱吃生鱼片的日本人了。

休渔的季节对大连人来说挺难熬的。小海鲜和近海的特色鱼种在鱼档上几乎都看不到了，倒是深海鱼值得吃吃。上周去鱼市，看到了鲜见的牙片鱼。大的都被摊主切块儿出售，即使是被叫作"小牙片"的，其重量都在每条1斤左右。摊主不停地往鱼身上浇冰水以保持它的新鲜度。有顾客来，常会你一块我一块地将一条重达三四斤的大牙片分购。受大连街众多正宗的日本料理店的影响，不少大连人对吃牙片鱼刺身很"感冒"，也有勇猛的食客将这种鱼买回去生吃，我可是不是活的不敢生吃，买了条小的，这种新鲜度回去家常焖是没问题的。

吃腻了家常焖的，还可以尝试其他做法。我曾做过牙片鱼头炖豆腐、牙片鱼馅饺子（副产品是剔下的鱼骨，熬汤也蛮鲜的）、牙片鱼刺身、清蒸牙片鱼，以上都是咱小老百姓在家就能操作的，更复杂的像什么剁椒牙片鱼头、

生焗牙片鱼头、香熏牙片鱼都得去饭店让厨师做给咱吃了。

如果用海鲜来检验你是否是一个合格的大连人，我觉得一个好题目就是你能否在鱼市里熟练地辨别出"牙片""小嘴儿""偏口""石鲽子""多宝鱼""舌鳎"等鱼种。曾看过网友把前四种鱼的照片贴到网上，然后让大家填空，结果错得离谱。可能填空的都不是大连人吧！有位大连人为此写过一篇论文，题目叫《鲆鲽鳎》，专门掰扯这件事，建议大伙儿看看，我觉得他才真正知道大连人为什么事儿闹心！不过他写得太专业，以我的实践经验看，"牙片"最大的特点是有锋利的小牙；"小嘴儿"的特点不在嘴上，而是有一对鼓出来的小眼睛；"偏口"的暗色一面有一条明显的贯穿全身的深纹；"石鲽子"暗色一面没有鳞但却有粗糙的皮；"多宝鱼"的暗色一面较浅，体态也更肥厚；"舌鳎"（舌头鱼）的外形很好认，跟其他的"扁扁"（钓友对扁形鱼类的统称）体型差异较大。搞清楚这些事儿不是为了写博士论文，而是知道什么鱼是什么味道，怎么吃才最能品味出它的鲜美，不然把好鱼都吃瞎了。

休渔季

鲜嫩的鸟贝最考验厨师的火候功夫

作为蛤蜊的一个种类，鸟贝从贝壳上就显现出它与其他蛤蜊的很大不同。大多数蛤蜊的壳都比较黯淡，偶有花色也多数是灰、黑、白、黄的杂色。鸟贝则有着抢眼的橘红色、淡紫色、橘黄色、浅青色，再配上白黑灰等过渡色，看上去十分夺目明亮。鸟贝的肉在同类蛤肉中更白得细腻、黄得耀

眼，就像在一群漂亮的姑娘中更吸引你眼球的皮肤白皙、眼神流转的女孩。

这个身段长得像鸟一样秀丽灵巧的贝，学名叫"鸟蛤"，也叫"石垣贝"，它又是一种只产于黄、渤海海域的海鲜，尤以生长于辽南沿海纯净冰冷海域的形似金钩的"金钩鸟贝"最为珍贵，近年来原产朝鲜和日本等海域的"紫鸟贝"也逐渐进入消费者视野并备受追捧。

都说漂亮的媳妇难养活，这"娇傲"的鸟贝也挺难伺候。很少听说有买了新鲜的鸟贝像扇贝一样搁锅里煮开了直接扒着吃的，因为鸟贝的内脏和沙子还是挺要人命的。2009年的时候去旅顺一个朋友家玩，他妈妈直接去海边买刚靠岸的船上下来的带壳鸟贝，一块五1斤，他老妈一下干了10斤，说就算是自己回家收拾也比买摊贩收拾好的合算，现在想想，15元现在能买上1斤鸟贝吗？不知道！因为我好像很久没在鱼市上看到鸟贝了。

鸟贝除了收拾起来麻烦，做的时候也不轻松。鸟贝的蛋白质含量超过26%，肉质纤维比三文鱼更厚密柔嫩，但这仅指它还是生的时候，如果焯水或炒制时间稍长，则肉硬老如胶皮，同时也风味全无。所以如果鸟贝新鲜，

海味当家

023

首推的享用方式当然是刺身，清炒和温拌为次选。大连人最喜食的为清炒，令我终身难忘的天天渔港做法就是"尖椒炒鸟贝"，只有那次吃的不是老胶皮。也有人用它做饺馅和汤，窃以为基本只剩借味儿了，除非不在乎吃点儿小块儿老胶皮，因为火候太难以掌握了。还别说，有次在朝阳街一家小海鲜馆，还真就有用鸟贝做的汤，口感还不差，同去的朋友们还好顿研究厨师什么时候把鸟贝放进去的，早放的吧，鸟贝早硬得不能吃了；最后扔进去的吧，这汤咋入得鸟贝的鲜味儿呢？有机会自己在家也尝试尝试。

我吃过很多饭店做的鸟贝，哪家也没有天天渔港做得好。这不是给天天渔港打广告，因为我吃的年头较早，估计当年做鸟贝的师傅已不在原处了。就是当年那不经意的一吃，让我永远记住了这种海鲜。鸟贝虽只是一种蛤蜊，但它天生丽质，口感温雅不尖锐，肉质鲜嫩，火候却难以把握，这也是它虽营养美味人们却很少自己做来吃的原因，它那与生俱来的难以驯服的野性的确也切中了它鸟贝的俗称。

温文尔雅的鲳鱼位列补血益气"头牌"

鲳鱼最近很火，因了有同类——食人鲳在广西柳州的河里把给小狗洗澡的张先生的手咬得血肉模糊。不过有专业人士在《博物》杂志里介绍，食人鲳并不是一种鲳鱼，而是公众对一类食人鱼的统称，它是一个类群，包括近30种鱼。总之，那种吃人的鱼是鲤形总目脂鲤科锯脂鲤属，从哪儿看都是鲤鱼那拨儿的，跟人家鲳鱼没啥关系，只是有种叫作"红

鳍鲳"的鱼跟食人鱼长得实在是太像了，才替食人鱼背了骂名，其实红鳍鲳只吃水果和种子，是个真正的"素食主义者"。

鲳鱼并不是黄、渤海区域产量很大的鱼，它肉多刺少、好收拾好口味，深受大连人喜爱。反正从我有记忆起，鲳鱼价格就从没低过。鲳鱼的学名叫"平鱼""银鲳""镜鱼"，从名字上就能看出它的长相，身体扁平，体背有小圆鳞，体两侧泛出像镜面一样的银白亮色，一看就是那种温文尔雅的"可人儿"，且肠肚极少，可食部分占到百分之九十五以上。虽说这年头流行吃鱼头，可鲳鱼为了人类能吃更多的鱼肉，长了一张大脸、一个小嘴儿，而不是一个大头、一对儿大眼儿，真是可贵啊！

这种效益最大化的体态，让人们几乎不用怎么处理，就可以把鲳鱼直接扔进锅里"料理"它，顶多在身上划两刀，方便入味。我最爱选稍小点儿的鲳鱼干烧。大于1斤的鲳鱼做起来感觉有点儿浪费，而且不一定有小的入味。将鲳鱼洗净去内脏，在鱼身两侧剜花刀，在鱼的"伤口"上撒盐，抹干水分，锅烧热后放油烧至九成热，将鱼下锅煎至金黄色时捞出控净油，另起油锅烧热，放入葱姜蒜末煸香，再放入鱼，烹入料酒，加入酱油、盐、白糖和少量清水烧沸，改用微火慢焖，令滋味充分渗入鱼肉之中，烧至汤汁浓稠时，将鱼盛入盘内，撒上葱花即可。之所以选择干烧，就是因为鲳鱼肉厚，经得起煎及慢焖，不至于鱼肉干柴，红烧的口味也很鲜嫩，只是水多了炖起来不如干烧的香。

鲳鱼含有丰富的不饱和脂肪酸，有降低胆固醇的功效，对高血脂、高胆固醇的人来说是一种不错的鱼类食品，鲳鱼还含有丰富的微量元素硒和镁，对冠状动脉硬化等心血管疾病有预防作用，并能延缓机体衰老，预防癌症的发生。

《岭表录异》一书中说："鲳鱼……肉甚厚，肉白如凝脂，只有一脊骨。治以姜葱，粳米，其骨自软。"说的是鲳鱼味甘、性平，如果脾胃虚弱者用鲳鱼肉煎汤、入菜、煮粥，就能起到补血、健胃、益气的功效。

海味当家

形味俱佳的肚脐波螺——海鲜里的"白富美"

你若初次见到肚脐波螺，一定会为劳动渔民的想象力所折服，从上往下看，它太像人的肚脐了！其实肚脐波螺是一类学名叫作"玉螺"的海螺中的一种。海螺中被称作"波螺"的都是体形小、肉少的代名词，但肚脐波螺则不同，它们大多体形较大，肉肥鲜美，这也是它们在波螺家族中最被大连人宠爱的重要原因，因为大连人认为它们不能算作波螺那一拨儿的，至少应该向海螺靠拢。

上周正赶上开渔后首批海鲜上市，竟然发现了久违了的肚脐波螺，一问价，10元1斤，像捡了天大的便宜，要知道现在叫个海鲜，不论大小，在1斤10元以下的那是相当地罕见，不怪大连老爷们儿都蜂拥而上，抢得不亦乐乎。说到这赘述两句，要说各地的菜市场，买菜的当然是老娘们儿为主，不过在大连的鱼市上，老爷们儿是当之无愧的主角，一懂行，二会吃。摊主不怕爱讲价的老娘们儿，就怕啥话不说专拣新鲜少见的好货的老爷们儿。碰上不识相的卖主，底蕴深厚的大连老爷们儿扔两句"我碰海的时候你还不知道在哪儿呢"的硬嗑儿，不光卖主下不来台，还必然引来周围人仰慕的目光。这不，摊上正在以精明的眼光挑螺的老爷们儿被一个外地人问到这东西怎么吃啊，摊主抢答道："用高压锅压半小时！"我听得一愣，没这么吃过啊！挑螺的大连老爷们儿转过身小声告诉外地人，别听她瞎说，水煮就行，别煮大了。

肚脐波螺的可爱之处就在于，吃它的螺肉不像吃其他波螺肉进到嘴里感觉沧海一粟，而是大快朵颐，在鲜味没变的情况下，这是多么两极的感觉。水煮和白灼肯定是大连人的首选，就为一个原汁原味。有网友自豪地晒出挑出的一个完整的肚脐波螺肉，放在一坨鲜红的蒜蓉辣酱上的图片，跟帖说"无语"的百分百是大连人——这不糟蹋东西嘛！煮螺类和贝类这样的海鲜一定要凉水下锅，水滚即关火，否则肉老如胶皮。

如果肚脐波螺体形稍小也可酱爆：油烧热，加蒜末、姜丝、干辣椒爆香，倒入肚脐波螺，加生抽和少许糖，简单翻炒到有螺盘掉下来即可，吃时用牙签挑出肉来。玉螺不负其盛名，不论其壳其肉，都很有玉的气质。看到过一张在沙滩上"裸晒"的扁玉螺，其丰厚的肉质发出黄龙玉般鲜艳油亮的光芒。还有一种叫作"白玉螺"的螺壳，质地细腻，光泽滋润，洁白无瑕，状如凝脂，这些词正是形容"羊脂白玉"的溢美之辞。不过它们的求生手段可就不那么高雅了。作家邓刚在小说《蛤蜊滩》中把肚脐波螺叫作"凶狠的家伙"，因为它"在狠命捆住小蛤蜊的同时，分泌出一股强酸水，软化小蛤蜊的贝壳，再用嘴把贝壳咬开一个洞，伸进去吸食蛤蜊肉"。它就是这样一个矛盾的结合体：一个会向别人泼硫酸的"白富美"。

出身卑微的花盖蟹胜就胜在那股"天然鲜"

花盖蟹曾被小时候的我们认为是一种很上不得台面的吃食，顶多算个"海鲜小食"，因为"得来全不费工夫"。即便是现在，你去鱼市听听鱼贩子怎么叫卖，就知道它的出身是多么卑微了——"哎，花盖蟹啊！15元2斤，你权当吃蚬子了！"要是花盖蟹的老祖宗听着人们把它们和蚬子相提并论，一定很悲催，再怎么说俺也是蟹子啊！和蚬子它能是一个味儿吗！

有飞蟹在那儿比着，要大家不歧视花盖蟹也不太可能。过去老大连人常吃的蟹子就那么几种：飞蟹、花盖、赤甲红。近年市场上更有了什么松叶蟹、帝王蟹等高档蟹，花盖蟹就更不上讲了。不过，别看大家瞧不上花盖蟹，每到九十月份花盖蟹的渔期，大连人的餐桌上准少不了它，原因很简单，从小就吃着它的鲜味儿长大的，就像一个老朋友，吃不到就觉着少了点儿什么。有很多大连新移民说，花盖蟹和赤甲红哪如飞蟹吃起来那么过瘾啊！壳小肉少，肢肢角角，啃啊啃也啃不到多少肉。可你们哪里知道，我们打小就是这样在吸吸喳喳中哑摸着海的滋味长大的，那种相生相伴的感觉是一辈子都怀念和不想丢掉的。

花盖蟹能"拿"住大家的不仅是情感上的软实力，也有其自身的硬功夫。若你问大连人花盖蟹胜过飞蟹的地方在哪里，他们十有八九都会说，胜在那股鲜劲儿上。花盖蟹一般都分布在10～30米左右的沙质或泥质海底，生活的环境是温暖而盐度较低的海区，几乎都是野生的，所以那种"天然鲜"不是飞蟹这种大面积养殖蟹所能媲美的。

所有吃蟹子的俚语都适用于花盖蟹，什么"麦黄蟹""豆黄蟹"，是说花盖蟹春末和中秋最肥；"八月蟹子顶盖肥""春吃尖脐秋吃圆"，是说阴历八月的蟹子是最肥的时候；春天的公蟹（脐为尖形）个大肉嫩，味道最鲜；秋天的母蟹（脐为圆形）脂肥膏满，吃起来最香。活的花盖蟹壳上是褐绿相间的花纹，待蒸熟后则变成红白相间的艳丽外表，所以它也由此得名。虽然大家从未把它当成高档蟹买来吃，但科学证明，花盖蟹是蟹类中的上品，因为它富含蛋白质、多种维生素和微量元素，还可供药用，具有散瘀血、通经络、利尿消肿、续筋接骨等功效，蟹黄还是高级的调味品和滋补品。

吃花盖蟹最常见的方法是蒸煮，但我推荐的是最有特色的大连人吃法——腌花盖蟹。将活的花盖蟹清洗后，用海盐、花椒、大料、葱、姜、蒜、味精、香菜末和少许小红干椒碎腌上，如果不太喜欢腥味可少放点儿料酒，放入冷藏箱内腌一天一宿后即可食用。那是震撼灵魂的、完全不同的另一种鲜，而且是在保有花盖蟹原始形态前提下的鲜，仍然很适用"生猛海鲜"这个词，是不是很不可思议啊！

另有南瓜焗花盖蟹、生滚花蟹粥、香葱焖花蟹、苦瓜烩花蟹等做法，趁花盖蟹的上市季，食客们尝试一下吧！

生猛的基围虾越简约越尊重味蕾

说基围虾是没落的"贵族"有点儿过，因为从它开始流行到逐渐被食客冷落，也不过十多年的光景，所以这个"贵族"实在是根基比较浅。关于"基围虾"的话题，很多人都说，当时它刚开始流行时，大家都以为是"鸡尾虾"，以至于写的作文被老师改成"基围虾"后，都毫不犹豫地去找老师，认为老师给改错了。就是现在，还有些人不知这种虾何以叫这个怪怪的名字，所以有必要在这多说几句。

基围虾并不是虾的品种，而是一种养虾的方式。基围虾原来俗称麻虾，野生的麻虾喜好生活在沙泥底部及盐分较低的浅海中，平时习惯将身体藏入海床中，只凸出双眼和头部前端呼吸，用来逃避敌人及等候食物，涨潮时则会爬入一些缓流的内湾栖息。渔民发现麻虾的这种特性之后，就在内湾拉网或修筑石基来等麻虾自投罗网。老一辈的渔民把这些陷阱叫作"基围"（即用基石来围捕），所以用基围方式所捕的虾也叫"基围虾"。

对于基围虾到底是海虾还是淡水养殖的，大连人似乎不会为此太纠结。

据专家称，最正宗的基围虾，身上的斑纹都是一圈一圈的深色节，而大连市场上的基围虾几乎都是这种花纹的，我们也是就近利用海水养殖，所以基围虾的肉质紧致，口感鲜甜，不似淡水养殖的基围虾口味就差很多，当然，咱们的价格也不俗。

基围虾从2000年年初开始成为人们餐桌上的新宠，当年确实风光无限。那时大连人请客，说请你吃基围虾，那代表着请客者的出手阔绰和被请者的无上荣耀，它也是婚宴和高档宴席上必点的当家菜。不过现在似乎有了比它更高档的海鲜，也由于在饭店，吃基围虾的方式太单调，饲养活基围虾的成本又奇高，所以至少在饭店里基围虾正在急速没落。但在老百姓这里，基围虾仍以它的特质维持着它在大连人餐桌上一定的地位。

基围虾素常的吃法就是白灼，在五星酒店也不过如此。进了百姓家可就没那么多的禁忌和条条框框，人们各种创新，也吃出了些新意，无意中也延缓了基围虾的颓势。

生猛是大连人的最爱，当然也不会放过基围虾。其中最流行的是用活基围虾做醉虾。准备活基围虾二斤、冰块一盆、花雕酒一瓶、老姜一大块、海鲜酱油一小碗、芥末适量、剁辣椒一小碟。将老姜去皮洗净切成末，加海鲜酱油先泡上，兑成酱汁备用，看个人口味，可以加芥末调配一份，或者加剁辣椒调配一份都很不错。将鲜活的基围虾冲洗干净，放入干净的深盆里，铺上冰块，将花雕酒全部倒入，加盖盖上5分钟后即可剥壳去头去沙肠蘸酱开吃，口感鲜甜清爽，完全是基围虾的原生态吃法。

海味当家

怎么吃才配得上三文鱼溯流千里的勇敢？

三文鱼并不是咱大连的地产海鲜，它盛产于太平洋北部及欧洲、亚洲、美洲的北部地区。但近年随着它在全世界美食界的蹿红，在咱大连人的餐桌上它也成为常客。问了周围人对三文鱼的印象，虽然人们大都吃过，但只熟悉其中的一种吃法，我觉得很有普及的必要。

学名叫作"鲑鱼"的三文鱼，对中国人来说，最先接触的吃法是吃生鱼片。生于高纬度地区的三文鱼，其肉质最大的特点是油脂含量高，利于抵御寒冷的气候。由于三文鱼口感肥腻，日本料理中生鱼片和寿司总有辣根佐味。虽然生吃不是中国人的习惯，但常吃生猛海鲜的大连人对此却很适应。在鱼市和超市里常有切片的新鲜三文鱼出售，大连人买回去也都基本生吃。只要是正规渠道购买的三文鱼，生吃不必担心寄生虫和微生物。当然，并不是所有新鲜的鱼都可以生吃，曾亲眼看到有些生抓的鱼，一刨开肚子，里面的寄生虫卵一粒粒地粘在腹中，非常恐怖。

如果还是对生吃三文鱼有顾虑，家常吃三文鱼可以自己稍作加工，当然前提是要新鲜。将三文鱼片用盐腌一下，下不粘锅稍煎片刻，至三五成熟即可，用来作早餐夹入三明治，味香且营养丰富。有时我也会买回真空包装的烟熏三文鱼片，稍煎一下佐饭，或直接切成小块，扔进手擀面汤里，由于烟熏三文鱼是有咸味的，既提鲜又提味儿，不论怎样不起眼的饭菜都会因它而大放异彩。

超市里也有卖切好的三文鱼头，那是火锅鱼头的首选，虽然有些奢侈，但毕竟味道与寻常鱼头大不相同。

尽管熟吃三文鱼更安全健康、更易消化，但三文鱼发烧友还是力荐大家生吃，因为科学证明，三文鱼还是生吃最有营养。通常在70℃以上的高温下，三文鱼中的有益脂肪酸就会被破坏，因为多不饱和脂肪酸，所以在高温下也容易氧化，长时间高温烹饪，连三文鱼中的维生素也会荡然无存。如果非要熟吃的话，最好采取快速烹饪的办法，煮、蒸或者煎都可以，但是一定不要油炸，烹饪到三至七成熟时马上食用，其中以五成熟为最佳。

说到三文鱼，必须要说说大名鼎鼎的"三文鱼精神"，这来源于它的生活习性。三文鱼是一种洄游鱼类，全球只有北美的加拿大、阿拉斯加和北欧的挪威、冰岛等地可观赏到三文鱼洄游的奇观。每年7~10月，鱼群都要逆流洄游数千公里，回到它们的孵化场。当它们跳过这一道道"门槛"进入孵化场时，已是全身通红，是因为它们用力过猛，崩裂了血管，殷红的鲜血浸透全身肌肤所致。在那里，它们完成了新生命的繁衍过程。当雌鱼产完卵、雄鱼授完精后，它们便安安静静地"撒手人寰"了。为了回家产卵，三文鱼经历了"逆水搏击"的艰辛、"跳高门槛"的磨难和"献出一腔热血"的牺牲，这种精神令人感动。三文鱼的伟大母性品格，千里迢迢寻根认祖的人格精神，令人难忘和赞叹。

鲜中极品金枪鱼

所有大连人初识金枪鱼大概无一例外是在日本料理店。尽管它并不是咱大连海域"出品"，不过遍地正宗的日本料理店却让咱对这种原产自大西洋的"远方贵客"一点儿都不陌生。人们通过寿司、刺身、罐头等产品对它们的了解越来越多，也越来越频繁地与"贵客"亲密接触。

当年在辽宁海洋渔业公司采访，头一次听到金枪鱼这个名字，第一感觉是华丽、英武雄壮，然后人家就说，这鱼贵得咱可吃不起，我说吃不起还看不起吗？让俺看看这贵鱼长啥样。采访单位领着我进了冷库，我才生平第一次看到了金枪鱼庞大伟岸的身躯，当然当时是怎么也不可能和日本料理店里那精致餐盘中一片小小的粉红色鱼肉联系在一起的。多年后，在一位"大款"的带领下，终于在九州饭店里的一家高档日本餐厅里吃到了久闻大名的金枪鱼"腹肉刺身"。原来，被称为生鱼片中的极品的金枪鱼，身上不同部位的鱼肉，品级也是不同，而腹肉则是"极品中的极品"。"腹肉"又叫

"鱼腩"，又细分为三部分：腹边肉、大腹肉和中腹肉。最高级的是腹边肉，肉泽粉红，是油脂最肥腴的部位，看起来像一块花纹清晰的五花腩，由于这部分带有少许白筋，吃起来油润带脆。大腹肉位于前腹部的前端，称为"大拖罗"。中腹肉指鱼体中腹的鱼肉，紧邻大拖罗，油花如霜降，呈浅红色。"大款"告诉我说，由于一条金枪鱼的腹肉只有一小块儿，尽管价儿高得离谱，预订的人还是趋之若鹜，还好我们订到了，言外之意别吃瞎了。战战兢兢夹起这块"千金之躯"，怎么看怎么像一块儿生的五花肉，实在是下不去嘴，待闭眼咬下一小口，真的是入口即化，而那香、甜、鲜、嫩的口感顺序在嘴里展开，果然牛啊！据说在蓝鳍、大目、黄鳍、剑鱼、白金枪鱼等几种金枪鱼中，前三种的身价要比后两种高，而蓝鳍又是其中最昂贵和珍稀的，蓝鳍"腹肉"当然更是金贵。

金枪鱼的高新鲜度要求阻碍了大连人自己来料理这种鱼，如想吃到纯正新鲜的金枪鱼生鱼片或寿司，只有去正宗的日本料理店。通常我连超市里看上去新鲜欲滴的生鱼片都望而却步。因为据行家介绍，金枪鱼的储存有冰鲜保存和超低温保存两种方式。前者就是将鱼钓上来后，用直升机吊运到运输船，冰鲜处理后马上运往鱼市拍卖。冰鲜保存的肉质较为柔软，但成本也较高，多用于处理蓝鳍。一般而言，从起水到过海关、上餐桌，不超过3~8天。后者就是在船上急冻，经此处理的鱼肉色会较深，鱼肉较结实。对不常吃金枪鱼的人来说，眼拙得根本分不清是新鲜的还是"CO金枪鱼"（经过一氧化碳处理的金枪鱼，被国家明令禁止），还是乖乖地到高档店里多花点儿钱保险。

赘述几句，金枪鱼的学名叫作"鲔鱼"，温血鱼类，时速可达72公里，可以横渡大洋，被称为"没有国界的鱼类"。海明威曾说，如果谁能捕到这样一条鱼，必能"无愧于和古老的众神同列"；李安导演也在他的电影《少年派的奇幻漂流》中请出金枪鱼"友情出演"。还有，金枪鱼就要绝种了。

清蒸最显鳜鱼的鲜味儿

在大连人的吃鱼清单里，有一种鱼很受欢迎，但吃了多年后，问过很多大连人，都不知道其实它是淡水鱼，并不是海鱼，那就是鳜鱼，别名鳌花鱼、鳍花鱼、桂鱼、石桂鱼、水豚等。在海鲜鱼档，你可能很难看到它的身影，一是难得，二是很贵。倒是在稍有些档次的饭店酒店里经常有卖，夏天时曾在千岛海鲜酒店里拍到过它，时价每斤66元，算是贵的了。

吃惯海鱼的大连人之所以不问咸淡地追捧鳜鱼，原因很简单，它太好吃了。鳜鱼肉质细嫩，刺少而肉多，其肉呈瓣状，味道鲜美，向来为鱼中之佳品。唐朝诗人张志和在其《渔歌子》中写下的著名诗句"西塞山前白鹭飞，桃花流水鳜鱼肥"，赞美的就是这种鱼。单看鳜鱼的长相就能判断出它是一种凶猛的食肉鱼，它的胸鳍、臀鳍、腹鳍等都长有锋利的硬骨刺，嘴大牙利，身宽尾短，背鳍状如抻开的皇冠，鳍骨锋利如刀戟，长相威猛潇洒，在水里横冲直撞，有一股势不可挡的霸气，也因此，它的肉质很鲜美可口。

大连人常吃鳜鱼的方法有二，一是清蒸，一是"松鼠"。松鼠鱼的甜酸口最符合大连人的重口味儿。当然，对待真正新鲜的海鱼，本地人的吃法还是清蒸居多，而面对少刺多肉的鳜鱼，大连人还是忍不住用最过瘾的方式来做，那就是"松鼠"一下。对用什么鱼来"松鼠"，大连人还是很在意的。鲤鱼虽便宜，但刺多；黄鱼刺少但肉质较硬、老，口感欠佳；也有用鲈鱼做的，鲜度还是差了点儿。只有鳜鱼才具备了做松鼠鱼的各种资质，至今苏州松鹤楼的松鼠鳜鱼还是靠当年乾隆皇帝大闹松鹤楼而扬名立万呢！

现下很多人去酒店吃鳜鱼还是选择较有档次的吃法，就是清蒸。对北方人来说，因为鳜鱼的养殖已不是问题，所以吃到新鲜的鳜鱼也不是难事。而对待新鲜又美味的鳜鱼，清蒸是对它最高的礼遇。将鳜鱼去鳞去内脏后洗净，抹干水分。用两汤匙料酒和少许盐抹于鱼表面，腌制十分钟；姜去皮切粗丝，葱切粗丝放入鱼肚子中，入蒸锅大火蒸十分钟；鱼蒸好后倒去一部分汤汁，将葱丝、红椒丝放在鱼身上，浇上蒸鱼豉油；将少许植物油倒入锅中烧热，淋在鱼身上即可。

鳜鱼的营养价值很高，富含蛋白质、脂肪，少量维生素、钙、钾、镁、硒等营养元素，肉质细嫩，极易消化，对儿童、老人及体弱、脾胃消化功能不佳的人来说，吃鳜鱼既能补虚，又不必担心消化困难；吃鳜鱼还有"痨虫"的作用，也就是说有利于肺结核病人的康复；鳜鱼肉的热量不高，而且富含抗氧化成分，对贪吃又怕胖的女士来说是极佳的选择。

"北极冰客"，原汁原味最衬它的气质

大连人品尝北极虾也就是在这十几年的时间。记得儿子五六岁的时候，家里有朋友送来海鲜，其中就有一种红彤彤的虾，颇识海货的我当时也没认出来那是哪种虾，只是朋友送来时就叮嘱，虾是熟的，解冻后上锅稍蒸下就

能吃。不认识不打紧，照朋友说的做就是了。没想到，儿子从此吃上了瘾。现在二十出头的大小伙子，在美国留学只要回国，定要再吃一吃北极虾。

之所以把北极虾称为"北极冰客"，是因为自打大连人认识这种海鲜起，它就一直是冰冻的状态。因为据称这些产自于北极附近如北冰洋和北大西洋海域的深海虾，在捕捞上来后，马上在船上用海水煮熟、分级、冷冻、包装，整个加工过程不到半小时，这就充分保证了虾的新鲜度。同时，由于北极虾是生长在150米深的冰冷海水中，生长速度缓慢，长到能卖的大小需要三到四年的时间，体形也比一般暖水虾小，但也因此肉质紧实，口感鲜美甘甜有嚼头。

北极虾最有特点的地方在它的头部，偏大的头部存满了膏籽，也是小孩子的最爱。通常普通百姓的餐桌上不大可能吃到生的北极虾，而在一些日本料理店和粤菜馆，北极虾刺身则是首推高档菜品。

由于其鲜甜的口味，大多数人选择将北极虾解冻后稍蒸空嘴儿吃，就为品尝它纯正的虾味儿。更有为数不少的大连人选择解冻后就着冰碴儿直接吃，据说这种接近0℃的"冰碴儿"吃法，更能体味北极虾的"冰客"气质，也更原汁原味。

除了直接吃，还有一些尽量发挥北极虾原味儿的吃法被大连人广为接受，像韭菜炒北极虾、小葱炒北极虾，都是大连人充分调动海鲜中的"鲜味儿"的常规打法；其次，将海鲜入粥或汤羹，也是既营养又美味的吃法，像北极虾干贝丁排骨粥，就是其中一款比较典型的海鲜营养粥，由于北极虾富含优质蛋白质、不饱和脂肪酸、铁和锌，所以入粥能充分发挥它其中的营养价值，很适合老人和孩子。再推荐一款北极虾蛤蜊冬瓜汤，也是隆冬季节的一道当值好汤。将干贝丁用温水略泡，火腿切薄片，两种食材一起放入锅中，加入生姜丝先大火煮开转小火煮一会儿；冬瓜用挖球器挖成圆球，加入煮过的汤中，再次煮至半熟，加入菌菇一起继续煮；最后加入北极虾和蛤蜊再次煮沸，调入盐、胡椒粉、葱花即可。

对待北极虾，不提倡用重口味儿的做法，像什么香辣、酸辣、蜜汁、香蒜，等等，会将其鲜、甜的特质破坏殆尽。还是那句老话，新鲜的海鲜基本不采取重口烹饪法，因为那都是为掩盖其不新鲜。被冰冻过的北极虾虽已不算新鲜的海鲜，但毕竟是最大限度地保留了其新鲜度，面对这远涉重洋而来的"冰客"，还是还原它的本来面目，尽力去追忆它并未远去的鲜吧！

鲜味来袭

虽然都叫海鲜，大连人素来有大、小之分。大小不以体形论，主要指贵贱。贵的不一定招人待见，贱的却总是惹人爱。大连人爱的就是它这一个鲜劲儿。

"鲜"意味新鲜、鲜溜儿。你很少听见大连人用"鲜"字形容海参、鲍鱼，倒是马上想起波螺、海菜、嘎巴虾。它们就是有一种"你走你的阳关道，我走我的独木桥"的傲娇。

这就是小海鲜的魅力。

小黄花，老大连多少年来第一口福

老大连口福里的第一福非海鲜莫属。海参、鲍鱼虽为大连海鲜挣足了面子和票子，但大连人岁岁年年常吃的还是鱼。童年即景里饼子是不争的主角，自从市场活泛之后，支撑俺家饭桌海产品半壁江山的是黄花鱼。

听海边的渔民说，黄花鱼又叫"石首鱼"，是因为它头里长有两粒白色小石头——耳石，如果外界有震动，石头也会随之震动，黄花鱼就会立即藏匿或逃走。大家都听过"属黄花鱼的——爱溜边儿"的俗语，其实说的是黄花鱼的胆儿小，当然也是因为它有"预警系统"。

谷雨过后，春雷炸响的时候，黄花鱼正好洄游到渤海湾畔产卵繁殖，子满鲜肥。黄花鱼分为大黄花和小黄花，据说舟山群岛的大黄花最佳；至于小黄花，就属咱渤海湾出产的了——蒜瓣肉嫩，少刺鲜美。

20世纪六七十年代，渤海湾的黄花鱼多得是，据说春汛时打黄花鱼都是拖网，两只船对拖，两小时左右一网，遇到大网头，一网就能打2000多斤。鱼多价钱也便宜，1斤也就两三角钱。

现时黄花鱼物以稀为贵，身价倍增了。有渔民想出令人发指的办法狂捕滥捞。他们抓住了黄花鱼怕震动的特点，开始用敲竹筒、扔炸药等手段，将大大小小的黄花鱼全部震死震晕在海面。黄花鱼头里的两块石头虽能救命，但也能致命，震动过大就会把它们震昏或震死。尤其是产卵期这么干，那就不知是"一尸多少命"了。

看到有写厨师们是如何对付黄花鱼的，说得"高屋建瓴"——什么软熘花鱼扇、烩花鱼羹、拆烩花鱼、糟熘黄鱼、松鼠黄花鱼等，觉得黄花鱼真是今非昔比了，好比"杀鱼用起了宰参刀"。

比起厨子们摆弄黄花鱼的煞有介事，我们平头百姓倒是信手拈来，最家常的是炖和炸。将新鲜的黄花鱼收拾干净，热油锅先放入姜片，去腥防粘锅；鱼入油锅烹炸，忌翻面，不然皮开肉绽，卖相难看。倒少量醋去腥提味，然后倒入事先兑好的葱、酱油、盐、白糖、料酒，撒入花椒、大料，略炖后，加水盖上焖熟，起锅前撒上蒜瓣。我家是"油炸家族"，炸黄花鱼是我的最爱。提前半小时将鱼身抹上一层薄盐，过15分钟翻身抹另一面，临炸前沥干鱼身上的水分，也不用裹什么蛋清淀粉糊，直接入温油锅炸透。炸出来的鱼头酥脆鲜香，除了头里的两块小石头吃不了，其余的都香了我的嘴儿了。

老大连还有一种百姓吃法，近年也渐次推广了，就是将黄花鱼打成糜，做各种吃食。以前的说法是不新鲜的黄花鱼才打成糜，其实不然。曾经在新海味馆吃过一次"黄花鱼丸汤"，纯正浓烈的黄花鱼味。师傅说，甭说不新鲜，就是稍放久点儿的肉糜，做出来都不是这个味，汤是最散味的。

最早做包子馅、饺子馅的鱼糜是鲅鱼的，因为它便宜。近年大家的口味高了，黄花鱼也可以做馅了。桃源街早市就有专门为都市馋嘴懒虫"包办"黄花鱼饺子馅的摊档，横幅上书"去头 去皮 去刺 去内脏"，还管绞成馅，懒人看着岂不心花怒放又涎水长流。买回去一如包三鲜饺子样和馅，加点儿韭菜就大功告成。三八广场附近的"口口鲜鱼汤包"就专卖黄花鱼馅包子，大约也是受了大连人的黄花鱼馅饺子的启发吧！

鲜味来袭

041

亦丑亦俊扒皮鱼，俗到极致是大美

扒皮鱼被冠以"皮匠鱼"的雅号，得益于它的那身皮。不过现下时兴的各种鱼皮宴却没有它的一席之地，概因它的糙皮实在是没有开发的余地，只得被当作腥臭的垃圾扫除。然而，糙皮之下藏真身，如果你亲手处理过扒皮鱼，那扒皮前和扒皮后，确有皮肉两重天的惊艳效果。

早年间扒皮鱼还有一别称，叫"三去鱼"，即去头、去皮、去内脏的鱼。非"三去"不能现身于众人面前，都是它的大头、肥内脏和糙皮惹的祸，不过"三去"后便东施变西施，重要的是内容物堪称丰富有品质。一身白肉如美人丰腴秀美，肉质细嫩鲜香；一根大骨刺贯穿全身，绝不似别的鱼浅薄俗女般故作姿态地显出无端的刺来。

老大连人吃皮匠鱼，最经典的吃法是"皮匠鱼炖粉皮"。我曾纳闷儿为什么不是炖粉条，就动手实验到底有什么区别。实践证明，皮匠鱼鲜美的味道，非宽粉厚皮不能完全容纳，用粉条则鲜味都浪费在汤里了。

由于皮匠鱼产量日渐减少，它的吃法也渐上档次。上周去鱼市看到有活的皮匠鱼，就心血来潮，让摊主给配了个杂拌鱼，它竟然30多元1斤，价冠鲐鱼、石鲽子、黄花鱼之首，实在令人刮目。夏季皮匠鱼大量上市的时候，也有人家买来一盆，把鱼肉刮下来，做扒皮鱼馅的饺子吃，味道不比黄花鱼的差。

不过大家最熟悉的皮匠鱼的身影还是出现在烤鱼片里。现在市面上卖的烤鱼片大部分的原料用的是皮匠鱼，因为它的肉质细嫩、色白，清鲜而不腻，并含有较高的蛋白质，用它制成的烤鱼片，鲜香可口。这也是在大连长大的孩子独特的零食。

说到扒皮鱼的学名"马面鲀"，还有必要科普一下。很多网友问扒皮鱼有没有毒啊，怎么看新疆发生了一次吃扒皮鱼集体中毒事件。其实，扒皮鱼的全名叫作"绿鳍马面鲀"，而把人吃中了毒的鱼叫作"黄鳍东方鲀"，就是我们俗称的河豚。两种鱼虽都是鲀形目，但鲀科东方鲀属的黄鳍东方鲀就

有剧毒，而革鲀科的绿鳍马面鲀就无毒。新疆那次事件的媒体报道中确实都用了"扒皮鱼"这个词，因而误导了很多读者。

扒皮鱼虽丑，但看邓刚写他在海里"碰"扒皮鱼时的文字，却被那温柔细腻的情节所深深感动：夜里潜水，大群的皮匠鱼怕睡着时被水流冲走，一个个便用嘴叼住一枚海藻叶子，将身子固定在海藻上。你只要像摘树叶那样往下摘，一条条肥大的皮匠鱼就乖乖地成了俘虏。可是我却为此而犯傻，看到鱼的小嘴紧紧咬着海藻叶子，犹如婴儿吸吮母亲的奶头，那样可爱还有点儿可怜，不禁觉得此时捉住一条皮匠鱼，绝对等于杀死一个婴儿！

一个被比作婴儿的鱼类何丑之有！有的大约只剩下献身人类的牺牲精神了。

一条鲇鱼的命运：好口味却没有好名声

鲇鱼，听老渔民说它有个小号叫"扔吧鱼"，是因为当年这种鱼太"稀不烂贱"，一打上来，渔民嫌它占地方，顺口说"扔吧"，因而得名。现在是扔不得了，市场上都贵到每斤10元以上了，该改名叫"留吧鱼"了。

鲇鱼分为淡水鲇和海鲇鱼。有争议的是淡水鲇。很多老辈人都禁止家里

争先恐后

人吃淡水鲇，说是浊，喜食腐肉，体内有多种寄生虫。且鲇鱼属发物，不宜与多种热性食物共食，易勾出老病根。这些的确都是事实。不过科学证明，鲇鱼不仅像其他鱼一样含有丰富的营养，而且肉质细嫩、美味浓郁、刺少、开胃、易消化，特别适合老人和儿童。它性温、味甘，归胃、膀胱经，具有补气、滋阴、催乳、开胃、利小便之功效。鲇鱼就在这样一种让人爱怕交加间顽强地成为产量最高的经济食用鱼类之一。

幸运的是，海鲇鱼的名声就好得多了，大连人不必为此纠结。

"鲇鱼炖茄子，撑死老爷子"是东北人对鲇鱼的最高评价。所以，用鲇鱼炖茄子是最经典的吃法。取中等大小鲇鱼三五条，掏去内脏，切成5厘米长的段—— 一定要留下它的大头啊，俗话说"宁舍老黄牛，不舍鲇鱼头"，它丰腴美味的大头也会为你的炖菜增光添彩。将鲇鱼段放入沸水中略烫，去除腥味和表面黏液。把紫长茄子手撕成长条，入锅炒倒，取出待用。再热油爆锅将鲇鱼块煸炒至金黄色，放入茄子条，加热水大火烧开转小火炖15分钟，调味出锅。有人家在炖鲇鱼时愿意加些五花肉或咸肉提味，也算别有风味了。

隆冬时节，大连人喜欢把鲇鱼晾晒成咸鱼干，由于它皮薄肉厚，即使成干，与萝卜干一蒸，也会立刻飘出它独特的香味，口感软硬适度，就着饼子吃，鲜香无比。

鲇鱼炖汤，即使不为催乳，也是一道十分诱人的美味。用豆腐炖鲇鱼汤就是绝配，要耐心地将汤熬成奶白色才算大功告成。

鲇鱼颇受争议还因了一个时下十分流行的词——"鲇鱼效应"。它的本义是说挪威渔民为了让在远海打的沙丁鱼能活着运回渔港，在装满沙丁鱼的鱼槽里扔进一条凶猛的鲇鱼，沙丁鱼一路上高度紧张，加速游动，反倒都能活着到达渔港。这个效应被应用到企业管理中，"鲇鱼"就成了"沙丁鱼"们十分痛恨的那个"搅局的"，可鲇鱼生性好动、进取，也必然要扮演那个打破常规、挑起竞争、带来活力的企业发展的引领者。

不论在美食界还是在经济界，鲇鱼都在争议中自我激励和前行，这就是鲇鱼的命运吧！

低碳生活从吃扇贝开始

认识扇贝丁比认识扇贝早十几年，原因很简单，小时候根本吃不着新鲜扇贝，倒是父亲通过各种关系能偶尔弄来些当时被叫作"干贝丁"的奇奇怪怪的小黄粒。被父母视作"珍品"的小黄粒只在过年过节时才被从冻冰的阳台上取出来泡发，或熬点儿菜汤，或包点儿黑面饺子。尽管满屋的腥臭让人食欲全无，但在父母"不懂得珍惜好东西"的呵斥中，大家还是咬牙把那些"珍馐美味"咽下肚去。多年后吃到新鲜扇贝时，想到那些只能带干鲜海产品回家的外地人，觉得他们实在是可怜。

大连是全国扇贝的主产地，尤其是1982年自日本引播成功的虾夷扇贝，体形大、肉质鲜美，远胜于国内其他海域的品种。

每年的3～5月，是鲜贝出水的好时节。这时，会吃的大连人就会急急地奔向海鲜档尝鲜。看到网上所有关于扇贝的做法，几乎众口一词——蒜蓉粉丝蒸扇贝，不禁感慨：给出这答案的一看就不是海边人。尝鲜尝鲜，有大蒜这等辛辣之物来搅和，还有何鲜可尝！曾看过一篇小说，说主人公为了显示自己卖的扇贝比别家的新鲜，要比试比试。不谙海鲜真谛的第三方想做成蒜蓉粉丝蒸扇贝，主人公大叫："这种做法入口的扇贝都一个味儿，哪还比得出鲜不鲜！"最后，主人公用的方法是"烤"，当然成功胜出。我尝鲜的方法一如既往——白水煮。锅内放水的量几乎等于零，因为新鲜扇贝本身汤汁肥满，只要加热让其壳内的汤汁沸腾并把它自己"煮熟"即可，也无须加任何调料，贝壳张开后再来10秒，那鲜咸肥美的贝肉就可让我大快朵颐了。也有人将洗净的扇贝直接扔进高压锅，盖上盖儿，听得里

鲜味来袭

面噼啪作响，开盖即食，其实基本等同于烤。直接将扇贝放在铁丝网上用明火烤，味道还是略有不同，等贝壳稍有黑煳，扇贝肉则发出一缕鲜香，比煮出的扇贝肉香气更浓烈，因汤汁挥发得更多而味道更咸香，有种烤鱼片的味道。

作为天天吃扇贝的大连人，你要是不知道吃扇贝是一种时髦的低碳减排生活方式，那就要贻笑大方了。一份最新的科学报告显示，虾夷扇贝贝壳中的主要成分是碳酸钙，在生长的过程中对吸收海洋中的碳起着重要的作用，也间接对大气中的碳含量有所影响。每生产1吨虾夷扇贝，则相应减排约0.2718吨二氧化碳，相当于一年种植11.8棵树。如果全国平均每人每天食用一只虾夷扇贝，则每年可以减排二氧化碳约1.6亿吨。

想过低碳生活——今天你吃扇贝了吗？

鲜美的黑鱼原来性别不清

大连人习惯上叫的黑鱼是张冠李戴了，真正的黑鱼其实另有其鱼，它是一种学名叫作"乌鳢"的淡水鱼，比咱海里的黑鱼可凶猛多了。

海里的黑鱼真名叫"黑鲪鱼"，因浑身布满灰黑色斑纹，而得了"黑刺毛""黑头""黑寨"，甚至"黑老婆"等种种俗称和绰号。黑鱼只在我国东海、黄海和渤海出产，它的渔获旺季为每年的4～6月份，这时你能见到的最多的活鱼就是黑鱼，由于它们多栖息于近海的海底岩礁、岩洞、缝隙，属温带近底层鱼类，捕获或运输它们都无须劳神、劳力、费时间，所以即使在小菜市场的鲜鱼档上看到大口喘气的黑鱼也不足为奇。

大连人吃海鲜的理念永远是"新鲜至死"，意即将海鲜的"鲜"性发挥到极致，吃鱼也不例外。如果有新鲜的黑鱼，那首先采取的方式就是做"黑鱼鱼生"，就是片生鱼片。黑鱼少刺肉嫩，十分适合做生鱼片，尤其是大个儿的新鲜黑鱼。视新鲜程度，依次下来的吃法是清蒸、熬汤、家焖。从口感和营养吸收的角度看，我最喜欢做的是黑鱼汤。

熬黑鱼汤不必选太大的黑鱼，两三条1斤以下的黑鱼即可，因为为的是喝汤，而不是吃肉。将鱼收拾干净，在鱼身上改横刀或花刀，为能让鱼的精华更快地熬出来。将黑鱼下锅，除姜片外不放任何调料，一次添足水，急火烧开，慢火熬汤，大约半小时，待清汤变成如乳汁般雪白，加上少许的盐、葱花和白胡椒面，再点上几滴白醋，鲜香酸辣的黑鱼汤就熬得了。它的蛋白质含量高，脂肪少，营养价值丰富，特别适合老人和孩子。

很多大连人能吃到新鲜的黑鱼靠的是另外一种办法：自己钓。大连近海沿岸能钓到的30多种鱼中，黑鱼最常见。无论跟朋友们去海钓还是矶钓，第一个来报到的总是黑鱼。每当第一条黑鱼上钩，我心里总是感慨：它不但让你开始充满期待和自信的一天，过后还饱了你的口福，真是条好鱼啊！不过钓黑鱼可有讲究，叫"东流伸腿儿，西流张嘴儿"，是说涨潮落潮之间，黑鱼有固定的"开饭"时间，时辰不到，饵在眼前晃荡，它也绝不张嘴。只在东西两流交换的一个小时左右，是黑鱼咬钩频率最高的时间。还有一个小问题，就是将黑鱼从钩上摘下的时候要非常小心，我就曾想当然地认为把鱼从钩上摘下来是天底下最简单的活儿而被黑鱼的鳍棘刺中，因为海鱼的尖刺都有毒性，所以伤口剧痛红肿，好几天才消退。

我们吃鱼通常不管雌雄，但黑鱼的特性大家还是应该知道。黑鱼属变性鱼种，除产卵期外，黑鱼均为雌性，每年5月份当性成熟的黑鱼产卵时，族群中个体较大的黑鱼便变性为雄鱼，负责为族群中的雌鱼授精，使自己的族群得以延续下去，很神奇吧！

一生都在抢人家房子的虾怪

过了二月二，又一种独特的大连海鲜到季了！那就是被大连人叫作"虾怪"的寄居蟹。尽管40元1斤的价格几乎跟正宗的大青虾不相上下，但它终究被当作"根不红苗不壮"的"非科班"小海鲜，登不了送礼、上节日家宴等大雅之堂，只是在大量上市时让人们尝个鲜。

　　"虾怪"是大连人对寄居蟹的独家称呼，大概寓意其像妖怪一样面貌体态丑陋，又是个非虾非蟹的怪异品种，还有着随时抢占别人家住房的古怪生活方式。初识虾怪，它那软塌塌的肚子和粗大的独螯，让我立即想起了电影《巴黎圣母院》里的钟楼怪人卡西莫多，觉得这个名起得直观又上口。

　　从小到大靠抢别人家房子过活的虾怪其实活得挺艰难，最小的时候是寄居在小波螺的壳内，稍大些就吃掉肚脐波螺的肉再心安理得地住进去，等体形更大时，香螺就成了虾怪的下一个牺牲品，据说，一只虾怪一生要搬十几次家，以应对自己不断变化的身体。

　　每年的冬季和春季是虾怪大量上市的时候，初冬是虾怪最大最肥最鲜的季节，上市量也很大，春季则是虾怪抱卵之时，是爱膏黄之人的大好季节。

　　虾怪的口感总体上还是更接近蟹，无论是它的螯肉，还是它的膏黄。所以，它的吃法也跟螃蟹差不多，最原汁原味的当然是煮了。像煮螃蟹一样，待它的壳变红后再煮3分钟，就可以出锅了。虾怪的独螯无疑是美味的，因为人家用两只手干的活，它用一只手干，那肉当然是肥壮又鲜美了。至于

它的"肚儿"（即软袋部分），那是我的最爱。不论雌雄，那鲜美的金黄色膏体散发出浓香，鲜甜中还略带苦意，但丝毫不影响我吮吸的速度和情绪。还有人家用它的大螯做一盘"椒盐虾怪腿"，也很有创意。把虾怪螯洗净敲裂，不要拍碎，保持螯的原状；油烧至大滚，将虾怪螯扑上少许芡粉，放下泡油，取出沥干；爆香姜粒、蒜蓉或洋葱、青红椒粒，将虾怪螯回锅兜匀，加入由酱青、鱼露、盐、麻油、胡椒粉及芡粉等调成的调味料煮滚，埋芡上碟。

虾怪还可以做酱，这一点又比较像虾的特性。平生第一次吃到虾怪酱是在"大长山岛海鲜食府"，鲜得不可名状，经提示才知道是虾怪酱，再吃一口，是比虾酱多了些许香味，大概是膏黄香吧！

除了有普通海鲜的营养价值外，虾怪可活筋散瘀、滋阳补肾、壮阳、健胃、除湿热、利小便，如有瘀血腹痛、眩晕耳鸣、跌打损伤、腰膝酸软、阳痿、遗精、小便不利等症都可多吃点儿虾怪来食疗。

蛏子，"西施舌"这名细想很传神

蛏子和蚬子虽都生活于软泥海涂之中，但蛏子却被古人形容为"舌"："蛏，蚌属，以田种之谓蛏田，形狭而长如指，一名西施舌，言其美也。"这"西施舌"的美称形象地比喻出蛏子的特点。它的肉比蚬子肉更肥白厚嫩，活蛏在水里不时地半吐出它的两个白色小"芯子"，的确犹如丽人的温香软舌。

大连人虽把蛏子当作小海鲜，但蛏子价格却不便宜。小贩说，蛏子壳薄肉厚，岂是壳厚肉薄的蚬子能比的？吃客们讲究性价比，我们卖货的也不傻。所以，不当季时，蛏子卖上二三十元1斤也不稀罕。尽管贵，我还是对蛏子情有独钟，只要有蛏子就绝不吃蚬子。

摊档上卖的蛏子，我通常不选浸过水的，要买那种没浸水的、沾满湿泥的，同时要看壳选蛏：壳为浅黄绿色的蛏子，味道特鲜美，花斑纹的次之，

鲜味来袭

火红的期冀

壳背灰白色的蛏子味最差。

买回的蛏子先要洗净，然后让它们吐沙。把蛏子放在小盆里，倒水没过，加点儿盐，模拟海水，静置一段时间，再冲洗干净。

"辣炒蛏子"是大连人第一选择，但做法与南方人有所不同。浙江省三门县的蛏子全国有名，他们做辣炒蛏子是先用花椒烹油，再用小干红辣椒炒，加料酒，等等，实在是将蛏子的鲜味横扫殆尽，重了"辣炒"，轻了"蛏子"，有些本末倒置。大连人辣炒蛏子，将蛏子快速翻炒至刚熟，倒入少许蒜蓉辣酱，起锅装盘。好处是，辣味刚刚浸入，蛏子的鲜味占据主导，所以是重"蛏子"而并未轻"辣炒"。

"蛏子面"也是大连人的一大发明。用蛏子肉氽汤入面，是更能发挥蛏子特色的一种吃法。将蛏子肉扒出，去掉周边的黑色泥线，稍作清洗，然后在面条将熟之时下入蛏子肉，稍煮即可。也有人家用蛏子开卤做面条，配上绿莹莹的韭菜和木耳，浇上煮蛏子的原汁白汤，那鲜香气也是一飞冲天的！这时才应了大连的一句老话：蛏子滚三滚，神仙站不稳。

我小时候只在海边挖过蚬子，但听老大连说，他们有在海边的滩涂和浅水里钓蛏子的，很有趣。用一根废弃的自行车辐条磨尖弯成钩状，另一端和一个木片绑在一起做把柄。退潮时，赶海人在海滩上密密麻麻的小洞边不停地跺脚，水冒出比较多的洞穴就是蛏子洞。这时迅速把钓钩插进洞里并旋转半圈，受到惊吓的蛏子马上合上两片外壳并向深处钻，无奈钓钩已插入它的身体，此时猛提钓钩，蛏子就钓上来了。老大连说，钓蛏子是个技术活，跺脚、下钩、提钩几乎是同时完成的，否则蛏子就钻到淤泥深处去了。

曾看到网上有个小伙儿，因为表演的一手往蛏子洞里撒盐逼蛏子出洞的绝活儿而获赞110多万，也是将大连人钓蛏子的技术提到了一个新的境界，看得连我们这些老大连都叹为观止。

鲜味来袭

面条鱼的青春期短得像闪电

从每年的3月中下旬开始，有口福的大连人就兴冲冲地进入"尝鲜季"。因为很多形成春汛的鱼类纷纷登场，其中就包括一种简直不能叫作鱼的鱼——"面条鱼"。

吃面条鱼要趁早。3月下旬买过一次面条鱼，10元1斤！不过价格高得其所，这道理就像大家抢吃"头刀韭菜"。渔民所说的"头网面条鱼"都是像细铁丝般通体透明的幼鱼，全身除了两个比芝麻还小的黑眼睛之外，透明得连内脏都没有，软软黏黏，一堆一团，这样的面条鱼口感软滑细嫩，真和吃面条有异曲同工之感。待到4月中旬再买，面条鱼明显体态臃肿了许多，几乎条条有小拇指粗，透明是不可能了，个个都五脏六腑俱全，看上去是条成熟的鱼模样了。这时的面条鱼被渔民们称作"面条老母"，听这叫法就知道它已经"生完孩子"了。产过卵的面条鱼相对口感要差些，但价格也降了下来，只要5元1斤甚至10元3斤。所以，宁肯贵些，还是要吃鲜嫩的面条鱼。

很多人把面条鱼和银鱼混淆，其实它们是两种鱼，分属不同的科。银鱼科里有大银鱼、小银鱼、太湖短吻银鱼等，有海水、淡水之分；面条鱼的学名叫"玉筋鱼"，玉筋鱼科下有5属共18个物种，是一种小型海水鱼。不过它们有一点很相似，就是成为世界上"长寿食品"的经典代表。日本人十分喜食银鱼和面条鱼这类"整体性食物"，即在食用时，其内脏、头、刺等均不去掉，整体食用，这等于是把一个生命的机体全部吃下去，近乎于完全营养，这类鱼也被国际营养学界认为是天然的"长寿食品"。

面条鱼最常见的吃法是炒鸡蛋，需注意的是面条鱼和鸡蛋的比例，由于面条鱼的水分较大，如果鱼多蛋少，炒出的蛋会水叽叽的；鱼少蛋多则吃不出面条鱼的鲜味来。也有人家把面条鱼和上蛋糊，下油锅炸熟，蘸椒盐吃，味道很独特。

豆腐作为海鲜的百搭食材，与面条鱼配合也很默契。豆腐要选用纯正的卤水豆腐，切成小方块。炒锅倒入油，放入葱、姜丝爆香，倒入豆腐块用铲子轻轻翻炒几下，待两面金黄后，倒入水，水要没过豆腐，烧开后小火慢炖几分钟，然后加入新鲜的面条鱼。待面条鱼由青变白时，即可加入少许盐，撒点儿葱花和香菜即可出锅。做好的面条鱼炖豆腐，汤白肉嫩，加上翠绿的葱花、香菜，很是开胃养眼。

不过最地道的吃法是面条鱼菠菜汤。爆锅后加水烧滚，先投入菠菜，1分钟后再加入新鲜的面条鱼，再1分钟后加少许盐（若面条鱼多就不要加盐）即可出锅，建议什么料酒、味精等调味料都不要加，就喝那面条鱼的原汤原味，真是鲜得无与伦比。这是旅顺龙王塘卖面条鱼的渔妇教我的，味道果然不是"盖"的。

舌头鱼一身嫩肉的百般价值

周末去鱼市，发现新鲜的舌头鱼大量上市了。春节前看到有冰冻的舌头鱼，要120～160元1斤，大点儿的更贵。虽然很馋，奈何价格贵得离谱，只好放弃。进入4月末5月初，舌头鱼的夏汛就开始了，市场上又大又厚的新鲜舌头鱼也只要25～30元1斤，实在是划算得很。

小时候很少看到和吃到舌头鱼，因为作为野生海鱼，舌头鱼的繁殖能力较弱，产量低，从来都是作为兼捕鱼类。而从1978年起，中国水产科学研究院黄海水产研究所才开始关注舌头鱼，1989年开始实验室攻关，直到2004年年初首次育苗突破100万，使舌头鱼从养殖池走上市民餐桌，这期间整整花了27年！

肉鲜味美的舌头鱼的确值得研究人员花费如此大的气力。舌头鱼的学名叫"半滑舌鳎"，根据地域的不同，又被称作目鱼、鳎米、舌头、牛舌、鳎目、龙力、海秃、细鳞、塔西鱼、狗舌、鳎沙、牛目、鳎板、鞋底鱼、牙杈鱼、左口，等等。舌头鱼的内脏团小，出肉率高，肌肉细嫩，口感爽滑，鱼肉久煮不老，无腥味和异味，具有特殊的芳香味道，属于高蛋白、低脂肪、

富含维生素和胶质的优质比目鱼类，被列为我国传统名贵鱼种。它含有人体所必需的多种氨基酸及丰富的钙、铁、锌、碘等微量元素，含有的不饱和脂肪酸能抗动脉粥样硬化，对防治心脑血管疾病和增强记忆、保护视力颇有益处。这种鱼刺少，只有中间有脊骨，非常适合老人、小孩吃。

舌头鱼的吃法相对简单，非焖即炸。新鲜的舌头鱼浑身沾满黏液，不论怎么做，都要先洗净黏液，将它身上的一层皮扒掉。

大连人比较流行的吃法是干煎或油炸。市场上买6元1斤的小舌头鱼最适合炸，而十六七元1斤的则适合干煎，1斤25元以上的家焖最能体现舌头鱼的原汁原味了。干煎或油炸之前都要先把舌头鱼稍作腌制，干煎时在舌头鱼两面薄薄地拍一层干面粉，下平底油锅小火慢煎至两面金黄，油炸则最好用面粉和鸡蛋和成的稀糊挂鱼，下油锅快炸快出，味道还是很不一样哦！家焖的舌头鱼最好吃的部分则在鱼唇，据说舌头鱼能像猪一样靠拱嘴来翻沙找食物，而且在吃蛤蜊、蛏子等带壳的食物时还会像人类嗑瓜子一样地吐壳呢！

虽然渔谚有"春花秋鳎"之说，"春花"说的是春季的"花斑宝"即星鲽最好吃，"秋鳎"指的就是秋天的舌头鱼最好吃，但舌头鱼在夏天并不像大多数咸、淡水鱼类一样体瘦肉消，而是鱼体肥厚、肉质鲜美，所以舌头鱼在5~7月份的夏汛时也很好吃。看到有外地网友在网上大晒大连友人给捎去的"舌头鱼干"，不禁感慨，有口福的大连人，快趁现在大快朵颐新鲜的舌头鱼吧！

性情凶猛的针亮鱼其实有一身肥美的肉

很多大连人把大小棒鱼称为"针亮鱼"，其实这是一种误解。我们通常用来做棒鱼馅饺子的鱼，并不是真正的针亮鱼。真正的针亮鱼更长、更肥厚，且毛毛刺较多，所以也不适合做饺子馅。针亮鱼的学名叫作"黑背圆颌针鱼"，也有叫它"梁鱼""鄂针鱼"的，它的体形呈长圆柱形，体长通常能达到680～1040毫米，这是大小棒鱼都无法比拟的。

针亮鱼性情凶猛，它长达三寸的坚硬利嘴就完全能说明这一点。它们分布于印度洋和太平洋西部，我国多见于南海，近年才在渤海湾有发现。

尽管它并不是一种珍贵鱼种，但由于最早擅吃针亮鱼的山东莱州人把吃针亮鱼称为"过鱼市"，意思是说吃过这鱼后，全年不得病，所以针亮鱼一直都很受追捧。针亮鱼的春汛大约在4月中下旬，刚上市时价格不菲，每斤要在20元上下。

新鲜的针亮鱼最好吃的做法是烧或炖。收拾这种鱼不用开膛破肚，揪脑袋时自然会把内脏拽出来，它的鱼鳞也很少，轻微刮一下就行。虽说炖新鲜鱼讲究清淡少料，但炖针亮鱼不可缺少的一样东西就是"发芽葱"，这也是这个季节所独有的配料。

将鱼切段后撒上盐稍腌片刻，然后蘸上干面粉用油煸黄，添水，加生姜丝、蒜片、料酒，待汤烧开，把发芽葱段投进锅里，再浇上醋，撒少许胡椒粉即可出锅。

真正肥美的针亮鱼肉并不像人们想象的那样干硬，而是肥嫩鲜美，尤其是靠近内脏的部分。但也正是这部分有许多小毛刺，所以吃时要多加小心。针亮鱼还有一大特点是，它的大骨刺呈透明的蓝绿色，并发出荧荧的银光，这在近海鱼类中是绝无仅有的。

关于针亮鱼的营养价值，虽然今人不以为然，但古人的一则故事却很能说明问题。据史载，唐贞观五年，贤相杜如晦的儿子杜构在登(州)、莱(州)海域剿匪时，左腿的一条筋被针亮鱼嘴戳断。在养伤期间，听渔民们说起这针亮鱼是登、莱海域的稀少鱼类，难网难钓，特别看到书中对针亮鱼有"食者无疫疾"的记述，杜构决心创一个捕针亮鱼的好办法帮助渔民们致富，也可以让渔民们远离疾病。他根据古书《山海经》上"鱲（针）鱼口四寸"的记载和渔民们提供的针亮鱼吃饵后会"吐钩"的习性，请工匠制作了一些尖上带"倒刺"的鱼钩。杜构又寻来一些干葫芦，他将每两个葫芦中间系一根绳子，绳子上密密麻麻地系上带"倒刺"的鱼钩，这样就能捕捉到很多针亮鱼了。用今天的科学来解释，能"食者无疫疾"的针亮鱼大约含有较多的能提高人体免疫力的物质，所以自那时起，针亮鱼便在沿海流行开来了。

肉厚味美的大蛤，随心所欲任你搭

赶在6月1日休渔期之前，大连人抓紧时间享用各种美味海鲜。鱼贩们深知机会难得，海鲜价格也节节升高。在各种价格高企的海鲜之外，有一种海鲜倒十分值得向大伙推荐——物美价廉的"大蛤"。

大蛤是大连人特有的叫法，其实就是蛤蜊的一种，因它体形较大，为区别于花蛤、文蛤、毛蛤，就叫它"大蛤"。虽然它们都是蛤蜊，但在吃法上却多有不同。以前写花蛤时曾写过大连人对蛤蜊的吃法分得很清，小蛤蜊（蚬子）多做汤、做面、辣炒，稍大些的如文蛤等就水煮、烧烤，到了大蛤这儿，虽有山东经典的"油爆大蛤"的菜名，不过可不是我们大连人理解的直接把蛤蜊扔进锅里爆炒。

由于大蛤的壳又厚又硬，所以对付大蛤先要把蛤肉挖出再实施各种烹饪手段，而这大都是由小贩代劳。现在大蛤的市场价只有5元1斤，肉厚味美，比起那些动辄几十元1斤的鱼虾鳖蟹实在划算得很。

大蛤不似其他小蛤蜊那样需要吐沙、清洗，麻烦得很。鱼贩将大堆鲜活的大蛤扔在案板上，买主需要代劳处理时，他们就掏出一柄自制的没有刀尖的独特小刀，沿大蛤中间的缝隙轻轻插入，先贴紧一侧壳体的边缘迅速一划，再贴紧另一侧一划，一个完整的大蛤肉就应声掉在小盆里，而大蛤里满满的汤汁也随之滴洒到盆里。小贩当然知道这汤汁对顾客的重要性，于是连肉带汤一起倒到小塑料袋里，算是处理完毕。

大蛤的吃法很多样，不像有的海鲜只适合一种吃法，这也是它受大连人喜爱的重要原因。

最流行的吃法当然要算"大蛤炒鸡蛋"，要旨是最好不要加韭菜，会冲淡大蛤的鲜味儿，还有就是大蛤肉碎要切得大小适宜，才能享受吃蛤肉的快感。做"芸豆大蛤手擀面"是展示大蛤风采的好办法。用四五根芸豆滚刀切成丁，大蛤肉切小丁。葱姜爆锅轻炒芸豆片刻，加水烧开后倒入蛤蜊汁，水再开后加入适量手擀面，煮至面熟时加盐，再倒入蛤蜊肉丁，10~15秒即关火，避免蛤肉变硬。

用大蛤肉做饺子馅在大连是很盛行的吃法，配馅的青菜通常用韭菜，不过我觉得青椒才是大蛤的"绝配"，它俩是既配合默契又各自独立。需要注意的是青椒不要剁得太碎，事先用盐脱水，再用油抓一下，防止再出水不好包。将大蛤肉碎拌入猪肉馅中，其他和做三鲜饺子一样，只是煮饺子时间相对短些，以保持青椒和大蛤的原生态。

其他像大蛤粥、大蛤土豆饼、大蛤西红柿汤等做法不一而足，既家常又美味。

很多人对便宜的大蛤不以为然，其实据《莱州府志·物产》载："考宋以前莱有大蛤、牛黄之贡。"足见其珍。况且它和所有的蛤蜊一样，具有滋阴润燥、利尿消肿、软坚散结的作用，是高蛋白、高微量元素、高铁、高钙、少脂肪的健康食品。

鲜味来袭

"小姐鱼"这名儿很配它的婀娜味美

很多大连"移民一族"想当然地把"小姐鱼"和"先生鱼"当作一种鱼的雌性和雄性，实在是大错特错。这也难怪，这两种鱼是近年才在大连流行起来的，其实它们是完全不相干的两种鱼类。本篇单讲小姐鱼。

起初在市场上看到小姐鱼卖得夠贵，不禁纳闷儿：它值那个价吗？后来听老大连讲，那种鱼好吃得很，就买来两条回家尝了尝，果然不同凡响。身为大连人，竟然有一种我完全不知道底细的鱼类，有点儿不甘心，就上网去了解了个底儿掉。

小姐鱼学名叫作"緣（suì）鰄（wèi）"，也不知这么性感的名字和这么拗口的词是如何集合在一种鱼身上的。据称，可能是由于它的厚唇和头部类似珊瑚样的突起看上去像极了花枝招展的性感小姐，而它的体态也细长柔软，游起来摇摇曳曳似个窈窕女子，才被当地渔民冠以此名。也有考证说，沿海渔民最初是叫它"笑嘴鱼"，因为它的阔嘴厚唇很似咧开的笑口，后来由于方言的原因被渐渐叫成了"小嘴鱼""小姐鱼"。"緣鰄"的学名则来源于它是硬骨鱼纲鲈形目锦鰄科緣鰄属的鱼类，"緣"的字义是"古时贯串佩玉的带子"，又泛指一般的丝绸带子。这个字很能让人想象出小姐鱼柔软似带子般的身体；"鰄"的字义是"鱼类的一科，似蛇，体侧扁，无鳞，有的头部有羽状皮质突起，生活在近海中，种类很多"。我曾听过有大厨叫小姐鱼为"蝴蝶叶鱼"，但也有人称它为"蝴蝶爷鱼"，所指应该是一种鱼。

作为一种鱼类，小姐鱼当然也有雌雄之分。上周在鱼市就难得看到了一对小姐鱼依偎在一起，雄的颜色鲜艳，通体呈鲜黄色，且布满漂亮的花纹色块，雌的颜色要黯淡得多，呈土黄和暗绿相间的颜色。30元1斤，还在蠕动，没舍得买，留在那给更多的爱鱼人科普吧！

小姐鱼的产地主要在黄、渤海海域，日本也有出产。经常在网上看到钓友在长海三山岛附近钓到体形庞大的小姐鱼，重量能达到2斤。还有摄影爱好者在獐子岛附近海域水下20米拍到的小姐鱼，其用光的专业充分显示了小姐鱼秀美的身姿，对人们深入了解这种鱼类提供了最直观的素材。

最地道的小姐鱼吃法当属长海县渔民的做法，他们用粉条、豆腐炖小姐鱼。小姐鱼的内脏很少，刺也少，肉细味鲜，所以吃过的人都成为其忠实的"粉丝"。

小姐鱼与诸多海鱼一样，含有丰富的蛋白质、钙、铁等营养成分，脂肪含量很低。吃它，最能减少缺碘性疾病的发生。

盛名远播的鲈鱼有鲜味儿更有"文化味儿"

这周的鱼市由于休渔而显得购销两淡。小海鲜几乎销声匿迹，倒是冰鲜的海鱼较受欢迎，我在其中就发现了海鲈鱼的身影。鲈鱼分布在太平洋西部、我国沿海及通海的水域中，黄、渤海较多。又因为它属近岸浅海中下层鱼类，常栖息于河口咸淡水处，也可生活于淡水中，春夏间幼鱼成群溯河，冬季返归海中，秋末冬初在河口产卵，所以鲈鱼才有淡水鲈鱼和海鲈鱼之分。

去南方出差曾吃过著名的"松江鲈鱼"，那是名副其实的淡水鲈鱼。因为南方人口味清淡，做法多为汆、与莼菜烩汤或做鱼生火锅，所以更能

体会鱼肉的细嫩鲜美。更因为自古以来众多文人墨客们的咏叹，才令淡水鲈鱼盛名远播。其实就我个人的感受，淡水鲈鱼和海鲈鱼的肉质不相上下，只是北方人更愿意把海鲈鱼红烧而使它口味更重，鲜虽在，嫩度就差了些。

现在吃海鲈鱼实在是物美价廉，虽是冰鲜的，但看得出很新鲜，12元1斤。冰鲜的海鲈鱼红烧最常见，因为它刺少肉厚，也可以烤着吃。将鱼洗净，改花刀，用盐、味精、蒸鱼豉油、料酒腌渍1小时，将葱、姜、蒜末撒在鱼身上，再塞进鱼肚里，如果用烤箱就包上锡箔纸烤20分钟左右，如用微波炉就不用包锡箔纸，高火10分钟即可。

活鲜海鲈当然还是清蒸的好吃，因咱是天生的海鱼，本身就有咸淡，不用像清蒸江鲈那么大动干戈。将鱼清理干净，在鱼身上撒些葱丝、姜丝，少抹一点儿盐，上锅蒸10分钟。蒸好后，把葱丝、姜丝和蒸出来的水倒掉，放上新鲜的葱丝。重新烧油至八分热，先把蒸好的鱼身上洒点儿酱油，再把烧热的油淋在上面就成了。建议别加料酒什么的其他调料，因为海鲈比起其他海鱼几乎没有腥味，清蒸也就为吃海鲈的鲜美口味。

海鲈也是大连垂钓人的爱物之一。鲈鱼体形硕大，钓起来十分过瘾。听钓友说，鲈鱼不吃死的东西，所以要么用小活虾钓，要么用假饵。据说著名的"松江四鳃鲈鱼"终身都要吃活虾，所以养殖成本极高。

在大连，钓海鲈有几个重要钓场，像大连南部海岸线小平岛至金石滩海域，以尾重著称，每年5月中旬至7月末是钓海鲈的黄金季节；而金州区海域、瓦房店市长兴岛海域钓海鲈的黄金季节在8月至10月，这里则以鱼群分布密度大而引人入胜。

每当看到一众古代大诗人咏江鲈，就感慨咱北方的诗人太少，埋没了海鲈的"文化潜质"，不然咱北方的后人是否也会为"空怅望，鲙美菰香，秋风又起""白雪诗歌千古调，清溪日醉五湖船。鲈鱼味美秋风起，好约同游访洞天"这样的绝美诗句而陶醉，会对"秋思莼鲈"的典故而感慨不已呢？

丑陋的安康鱼，全球公认的人气美食

安康鱼学名"鮟（ān）鱇（kāng）"，近年来才被大连人广泛接受和喜爱，不仅因为它祥瑞好记、朗朗上口的名字，更因为它的美味。作为深海鱼，全球共有250多种安康鱼，其在中国产于黄、渤海和东海北部。相较于它美味的肉质，它的长相实在是丑了点儿，听听它的俗称：蛤蟆鱼、老头鱼、丑婆、海鬼鱼……不过丑归丑，不耽误它展现自己的独特习性和独到口味，这也是安康鱼值得说一说的价值所在。

安康鱼虽是深海鱼，但只是近海底层鱼类，常常潜伏不动。不是它不想动，而是它的肌肉松弛，运动器官不发达，加上身体笨重，想游泳困难得很，只能栖息在海底，用手臂一样的胸鳍贴着海底爬行。

不过"老天爷饿不死笨安康"，它自有独特的猎食方法，从它的别名"灯笼鱼"和"深海钓鱼者"就可知一二。它的头顶有一根类似钓竿的短鳍，有弹性还会发光。在黯淡无光的海底，即使这样微弱摇曳的小光点，也会吸引众多趋光的小鱼前来"送死"，安康鱼只坐等收鱼就行了。曾看过深海安康鱼如何捕食的科普电影，其速度和技巧真是令人叫绝。它另一个独具特色的习性就是雌雄同体。这不是说它可在雌雄之间转换，而是雌雄长在同一个身体里。我们在鱼市里买到的安康鱼都是雌鱼，雄鱼出生后不久，在体形还很小时就寄生在雌鱼的身上，不仅要雌鱼传宗接代，雄鱼一生的养分也都靠雌鱼供给。天长日久，雌雄几乎融为一体，但仔细观察，仍可辨出雄鱼的体型。雌雄如此亲密无间，在动物界十分罕见。据说也有极个别雄鱼，终其一生孤独生活，因为倒霉的它这辈子都没遇到一只雌鱼，而不是它挑三拣四。

别看安康鱼体形庞大，能吃的肉质部分只有尾肘。鱼市上给处理好的通常是被掏了肚子的，其实它肚子里最重要的东西——安康鱼肝，被单独卖了高价了。日本人吃安康鱼很有一套，在日本有"西有河豚，东有安康"的说

鲜味来袭

法，意思是把安康鱼与河豚的价值相提并论，而安康鱼肝则是日式寿司大餐的重要组成部分，同时它也是"全球50大人气美食之一"。

我买安康鱼都自己回家处理，因为我觉得它浑身都是宝。安康鱼皮有厚厚的胶质，能美容养颜。安康鱼的肚和肝可做鱼杂炖豆腐，其他鱼肉软骨砍块炖汤或红烧，其中加些扛煮的青菜如芥菜、菜心和山药之类的佐物，既营养又好吃。安康鱼脂肪含量低、热量少，更富含丰富的维生素A、D和E，尤其是鱼肝有保护视力、预防肝脏疾病等功效。

安康鱼的水分很大，做之前最好焯下水，否则容易弄出一锅汤，打乱你做鱼的初衷了。

铜锣鱼的可贵之处就在于它的纯天然

　　妹妹在鱼市看到了一条尺把长的大活鱼，卖主说是他在石槽老虎崖钓的铜锣鱼。虽然贵至35元1斤且重量达1斤7两，但她还是买了。结果资深钓友妹夫回来一看，鉴定说："假的！是鱼缸里养的美国红鱼，淡水鱼！"妹妹这个窝囊啊！妹夫调侃她说，你老公我白钓这些年鱼了，没把你培养出来，还能被这种鱼骗了，太丢我的人了！虽说如此，我还是觉得妹妹有点儿冤，因为铜锣鱼近年少得可怜，而且特别容易跟黄花鱼、白敏子相混淆，美国红鱼在体形、颜色上也跟它相似，鱼贩拿来冒充海水鱼卖个好价也挺难防范的。

老大连都能被骗，说明识别这种鱼确实有一定难度。网上有新闻说，沈阳就有鱼贩把铜锣鱼或白敏子涂上黄色染料冒充黄花鱼，可见骗子们都有共识啊！话说回来，铜锣鱼和黄花鱼都是石首鱼科，所以长得很像，但"狐狸再狡猾也斗不过好猎人"，它们毕竟还是两种鱼，只要掌握了基本的辨别方法，鱼贩子想骗你也难。

从体形大小看，铜锣鱼的大小与小黄花鱼不相上下，都在20～40厘米之间。你可别拿它去跟大黄花鱼比，那大黄花鱼和小黄花鱼也完全是两种鱼，可不是长大了的小黄花鱼啊！从颜色上看，黄花鱼整体呈黄褐色，肚子是金黄色的，鱼鳍是黄色或灰黄色的，而铜锣鱼的背部和两侧都是浅灰色，胸、腹、臀鳍的根部都略带红色和橙黄色，总之打眼看上去的感觉是红色多于黄色。而老大连形象的说法就是黄花鱼"短粗胖"，铜锣鱼比较"修长"，意思是黄花鱼更肥厚有肉，而铜锣鱼则比较扁瘦。

至于铜锣鱼和白敏子的差别就比较好分辨，虽然体形大致一样，但白敏子全身都是白晶晶的鳞片，没有什么颜色。

青岛人把"铜锣鱼"叫作"黄姑鱼""黄姑子"，把白敏子叫作"白姑鱼""白果子"。这"黄姑子"和"白姑子"还是有共同之处的。它们的鳔都能发出声音，尤其是被钓上来的时候，它们都发出"咕咕"的叫声，大概它们的名字也由此而来吧！

鱼市上你很难看到满案子铜锣鱼的场景，因为这种鱼少之又少，钓也不如白敏子那么好钓，所以更得瞪大眼睛仔细辨认才行。据钓友们说，长海县的如格仙岛、乌蟒岛等岛屿还偶尔能钓到。鱼市上买到的铜锣鱼基本都是小平岛和龙王塘的渔民网捕带上来的，数量也很少。

铜锣鱼的味道虽不如小黄花鱼，不过以其较低廉的价格来说还算挺美味的了。我刚结婚那阵儿，公公曾经买过几次铜锣鱼，都是红烧和清蒸的，肉是蒜瓣形的，很好吃。

比起广泛养殖的肥腻的大黄花鱼和常年都有的小黄花鱼，铜锣鱼的可贵之处就在于它的纯天然和稀少，对于老大连来说，它更是一种海边人生活的经历和见证。

再原始朴素的吃法也挡不住棒鱼的鲜香

写大连海鲜许久，现在才写到棒鱼，实在是有点儿对不起它的"江湖地位"，因为棒鱼只产在黄、渤海地区，由于它全年的渔获量都不少，所以深受大连人喜爱，吃法也是五花八门。不过大连人对棒鱼的情结还不只在吃，更是在钓，这就更增添了它作为海鲜在大连人心目中的地位。

先扫个盲，此棒鱼并非产于南海的另一种大大的、学名叫作"针亮鱼"的棒鱼。棒鱼是大连人的俗称，也有叫它"大棒鱼""针鱼"的，它的学名叫作"马步鱼"，至于为什么叫了这么个不着边际的名，有解释说，是因为最初是从"Horse（马）mackerel（鲭鱼）"这个单词翻译而来的，这可真是直译啊，一点儿弯儿都不拐，其实棒鱼英文另有其名。

当年采访，曾看到过全套钓棒鱼的工具和渔民钓棒鱼的全过程，实在是太有渔家特色了，说来给大家添点儿乐趣。大棒鱼是一种被称为"水皮儿鱼"的群居鱼类，意思是说它们就待在海面上，你下网捞不着，下单竿钓不着，得用一种特殊制作的工具才能将它们全部捕获，要想用文字描述这个工具的样子，不是我写得累死，就是你看也得累死，总之形象点儿说，就是下了一排小竿，200米长，能下200多个"鱼喂子"，一收工能收上来几十条甚至上百条棒鱼，过瘾啊！

渔民们总能用自己的方式给上岛的人惊喜。在格仙岛采访，不仅过了钓鱼的瘾，还品尝了渔民独具特色的棒鱼吃法——地瓜叶子大棒鱼面条。吃地瓜叶据说是山东人的习俗，当年是穷的，现在可不是了。科学研究发现，与常见的蔬菜比较，地瓜叶的矿物质和维生素的含量均属上乘，胡萝卜素含量甚至超过胡萝卜，而且红薯叶有提高免疫力、止血、解毒、防治夜盲症等功效。据称，亚洲蔬菜研究中心已将红薯叶列为高营养蔬菜品种，称其为"蔬菜皇后"。回头说这面，渔民对付棒鱼不像城里人那么费劲儿，把新鲜的棒鱼上锅蒸熟，拎起鱼尾巴轻轻抖几抖，大块的棒鱼肉就掉下来了，和地瓜叶

鲜味来袭

子一块儿下到快煮好的手擀面里，啥作料也不加，棒鱼肉鲜溜溜，地瓜叶肥透透，面条滑溜溜，真是鲜掉下巴。棒鱼的肌肉含有丰富的蛋白质和脂肪等，鲜肉能入药，具有滋阴、补气、解毒之功效，主治阴虚内热、盗汗、五心烦热、久溃疡疮、不易收口等症。

咱大连人最经典的吃棒鱼方式那当然是烤棒鱼。烧烤摊上的烤棒鱼总是下货最快的，有脂肪的鱼烤起来既香又不干，所以在烧烤摊上我宁愿吃便宜又鲜香的棒鱼，而不要烤偏口之类特容易烤干的鱼。棒鱼刺少，也有的人家拿它当饺子馅包饺子的，鲜味十足。而日本人、韩国人则喜欢吃我们加工好的棒鱼干、棒鱼片，味道和营养也是一流的呢！

长相吓人的先生鱼有着最美的味道

先辟个谣，很多人认为先生鱼就是安康鱼，大错特错！先前写过安康鱼，大家都知道它是硬骨鱼纲鮟鱇目鮟鱇科，而先生鱼的学名叫"鲉子鱼"，属于辐鳍鱼纲鲉形目杜父鱼亚目鲉子鱼科鲉子鱼属。由此可见，是完全不同的两种鱼。吃客们说，不就吃个鱼嘛，干吗这么大费周章的，叫错了名也照样吃得香。不然！老大连说得好，上得了咱大连人餐桌的每一种海鲜，都代表咱大连人的吃文化，这事儿可含糊不得。

人们容易把这两种鱼弄混也情有可原。因为它们都是无鳞鱼，头大肚小，吃时都得扒皮去头。最关键的是，先生鱼产量太少，只在秋季市场上才偶尔一见，所以就以讹传讹，与安康鱼混为一谈。其实如果仔细分辨，两者还是有很大不同。安康鱼体形通常都很大，颜色为褐色，而且几乎没有背鳍，头更大尾肘更小，鱼皮呈亮色的胶质感；而先生鱼体形要比安康鱼小得多，暗绿色的皮肤上有网状的花纹或细纹，且皮肤粗糙如蟾蜍，整个身体的比例要比安康鱼协调一些，最有特点的还是它的鳍，说它属辐鳍鱼纲，就能猜到它的鳍像车辐条一样呈扇形散开，事实也如此。正是由于它这种特殊的鳍，使得鲉子鱼中很多种类成为无可争议的观赏鱼。我们吃的先生鱼虽然长相吓人、颜色灰暗、皮肤粗糙、形态丑陋，但唯有它们的鳍能显示出这个鱼纲所特有的漂亮的形态。

如果你有幸在市场上看到活着的先生鱼，你就会欣赏到随着它的一呼一吸而不断翕张的鳍，那直立坚挺的背鳍和宽大如蒲扇般的两只胸鳍真的是展示了先生鱼所有的光辉。

小贩熟练地从鱼鳃处入手，抓住鱼头用力向下一翻，整张鱼皮连头一块儿被扯下，剩下光溜溜雪白的鱼肉。这还不算完，连在鱼头上巨大的鱼肚、鱼肝、鱼子是比鱼肉还金贵的上等食材，小贩将鱼肚戳破，简单冲洗，加工流程算是全部完成。精明的小贩开始要价，没处理过的先生鱼15元2斤，处理过的鱼肉10元1斤，鱼杂15元1斤，鱼头按未处理过的鱼价算，你自己就能判断什么是最美味的部分了。

先生鱼最完美的料理法：鱼杂炖豆腐、鱼肉熬汤。因为只有一根刺，且鱼肉鲜嫩无比，所以在日本料理中，先生鱼刺身那是相当地受欢迎，当然，那也是相当地贵啊！很多吃过先生鱼的人形容先生鱼汤的鲜法跟海蛎子做的汤有一拼，而先生鱼杂则可与海胆的鲜甜相媲美。

最后需要普及的是，先生鱼可不都是雄鱼噢！我们能吃到先生鱼，全仗着秋季时雌性的先生鱼聚集在近岸的暗礁附近，等满潮时到礁石顶部的浅水中将卵产在贻贝丛中，这个时候也是它们最容易被发现、被捕捉的时候。所以我们吃到的先生鱼大多数带有大量鱼子。

鲜味来袭

美味黄尖鲅吃法可雅可俗

大连人习惯上叫"黄尖鲅"的鱼，实际上并不是鲅鱼，因为鲅鱼是硬骨鱼纲鲭科，而黄尖鲅是鲈形目鲹科，可见完全是两种鱼类。大概因为体形、颜色、吃法上比较类似，就被百姓叫惯了嘴儿。

黄尖鲅的俗称有黄犍子、黄犍牛、黄尖子等，总之都是因了这鱼身上有一条从头贯到尾的黄色纵带，又因此鱼体呈纺锤形且凶猛有力，犹如犍牛一般力大无穷，所以才获以上诸称。

虽然冬季并不是吃黄尖鲅最好的季节，但现下鱼市上仍然看得到冰鲜的黄尖鲅。在中国，仅有黄、渤海海域出产黄尖鲅，它的渔期是在春夏季。如果是当季买到新鲜的黄尖鲅，毫无疑问，吃生鱼片是最好的选择。由于黄尖鲅的渔期短，产量少，加之其肉质细嫩滑润，口感极佳，且全鱼两面肉厚，只有当中一根大刺骨，所以是日本料理中做生鱼片的上佳鱼选，价格也是不菲啊！据说，野生的黄尖鲅切成薄薄的二十几片，再淋上点儿柠檬汁，没个千八百儿的绝对下不来，此时便似那上得厅堂的贵妇了。

吃不到新鲜的黄尖鲅也无妨，冬天最流行的吃黄尖鲅的办法是将鱼从头贴着中间的大骨刺一剖两半，但不要完全切断，让鱼尾处连着，剔掉骨刺，拎起鱼尾，便又合成一条完整的大鱼了，这时再用盐轻腌后，挂到外面铁丝上让北风吹干吹透。以后整个冬天就可以随时切来蒸着，就饼子萝卜干吃了，而这时黄尖鲅又像下得厨房的家庭主妇般接地气儿了。

黄尖鲅一般个头都较大，在市场买来时也可能买的是鱼的一部分，或头或尾或中段，这时也可以用最家常的方法烹饪，即"酱焖鱼尾"或"红烧黄犍头"，配菜最好用冬菇、冬笋、油菜等，酱焖鱼尾段可放少量五花肉，以调剂稍干的鱼肉，也很美味。

黄尖鲅也是海钓客喜爱的目标鱼类之一。听钓客讲，十几年前，钓上来10斤以下的黄尖鲅都放生，因为嫌太小了，而一条黄尖鲅20斤左右很正常，曾看有网友晒出当年钓上来的40斤的黄尖鲅的照片，真是霸气侧漏啊！而现在别说放生了，要是钓个10来斤的都"惊为天鱼"，到处炫耀还来不及呢！钓客管钓黄尖鲅叫"甩鲅鱼"，顾名思义就是要将钓鱼线甩出去才能钓到，他们一般都采用钓竿甩线和用钓鱼船拖线两种方式。黄尖鲅喜欢吃快食，鱼饵游动速度越快，黄尖鲅越喜欢追赶，越容易上钩。大约还因为黄尖鲅上钩时与钓者死命相抗的状况，怎一个"甩"字了得！因为黄尖鲅的流线型体态，加上它有分叉很深极具力量的尾部，以及它中钩后紧急下潜的极强爆发力，都令钓黄尖鲅变得极富挑战性。

花样繁多的海菜最百搭

海菜是大连人海鲜生活中的一朵奇葩，除了先前写过的海带外，像海芥菜、紫菜、海麻线、"下锅烂"等各种海藻，都是大连人十分喜爱并能"吃出花儿"来的海菜。

以上所有海菜统称海藻，藻类食物的营养价值现下已毋庸多说，这海藻中含有一定量的蛋白质和较多的多糖纤维素，也含有少量脂肪、丰富的无机盐和维生素。海藻属于低热量食品，尤其适合老年人以及患高血压、心脏病、糖尿病的病人和便秘者食用，具有较好的保健和药用价值，所以世界上许多国家的沿海居民都有吃海藻的习惯。

对不懂海菜的人来说，所有的藻类看上去都一样，绿乎乎、滑溜溜的一堆，至于都叫什么，怎么吃，完全摸不着头脑。这里一一给大家介绍。

裙带菜的俗称叫海芥菜，也有叫它海木耳的，是除海带以外大连人吃得最多的海菜，颜

色有红褐、黄绿或黄褐色。除了含碘量比海带稍少以外，海芥菜的营养价值几乎和海带一样。大连南部海域洁净、无污染，是裙带菜的主要产区且生产的裙带菜叶片舒展、皮质厚、少褶皱，深受人们的喜爱。

裙带菜可以凉拌，也可以做汤，我则经常拿它炖豆腐。新鲜的裙带菜买来用刀切成大小适宜的段，下水焯过待用。用葱花爆锅再煸炒海芥菜，放入适当的食盐、酱油后，锅里添水放入豆腐。开锅后小火炖上5～7分钟即可。裙带菜也经常作为涮锅用的原料，在吃海鲜火锅的地方，涮裙带菜和涮老板鱼一样上讲究。

大连还有一种极有特点的藻类，叫萱藻，老百姓俗称海麻线，听名字就能想象出它丝丝缕缕的样子，显见它和"裙带"的感觉完全不同。海麻线是大连沿岸海域的特产，产量并不高，不便贮存又无法长途运输，所以也只有当地人或岛上的人能在早春时节采集一些，加点儿海蛎子肉做丸子或是包包子。

紫菜是海藻中的上品，它是生长在浅海岩礁上的一种红藻类，颜色有红紫、绿紫及黑紫的区别，但干燥后均呈紫色。据测定，干藻含蛋白质24.5%、脂肪0.9%、碳水化合物31%、无机盐30.3%，还含有多种游离氨基酸和多种维生素，可与陆地生长的菠菜、油菜等相媲美，由于紫菜有软坚散结的功效，有郁结积块者可多食用。紫菜可以做汤、下面条，味道鲜美异常。

最民间的海菜非"下锅烂"莫属。它是一种"礁膜"，藻体呈黄绿色或绿色，薄而软，依附在礁石上随海浪起起伏伏，摇摇摆摆，身姿很婀娜。在锅里也一样，水开后，扔进去打个滚儿就熟，空口喝也行，下面条、面片、面疙瘩亦可，怎一个"鲜"字了得！

大连人夏天最喜食叫作"海凉粉"的果冻状食物，其实是由一种生长在海底礁石上叫作"牛毛菜"的海藻制成的。将它晒干后上锅熬7～8小时，再过滤、晾凉后便如琼脂一般呈透明状。将其切成条，用香菜、蒜泥、糖、醋、盐等调料拌好，吃起来清爽可口，是夏季一道清新的开胃凉菜。

将非主流的红头鱼吃出别有洞天

红头鱼对大连人来说并不像偏口和黄花那么主流，说它"非主流"只是说吃它的频率比较低，不是说它不入流，而是说它更有非主流中特立独行的那部分意味。

红头鱼的学名叫作"红娘鱼"，是红娘鱼属鱼类的通称，它还有红娘子、红娃鱼、火鱼、红鞋鱼等俗称，皆因它的骨板、体背、胸鳍、背鳍都被红色所覆盖，鱼体火红亮丽，才得了这许多艳丽的名字。

虽说清炖、酱烧是它的主要吃法，不过大连人还是用它做杂拌鱼的多。一是它本身没有什么外味儿，跟其他鱼炖很百搭；二是在一堆乌吞吞的别色鱼种中，它跳脱的大红色很有装点菜盘的效果；三是红头鱼的鱼肉口感很特别，并不似大多数鱼肉炖后嫩嫩的，而是很有嚼劲儿，用它作为杂拌的"不二鱼选"大约也是人们想在吃鱼时丰富口感的一种尝试吧！

由于红头鱼的鱼肉坚挺，蒸煮都不易散，而且味道鲜美，所以人们也经常用它来氽汤。将收拾干净的红头鱼切段，清水氽汤，只加少量清醋去腥，熬至汤成奶白色，加少量香菜和白胡椒即可。

鲜味来袭

北方人吃鱼大多不愿意剁椒，是因为海鱼的腥味我们已经很习惯，而南方江鱼或河鱼的土腥味我们很难耐受，只好以剁椒的形式"以毒攻毒"，既去腥又下饭。红头鱼虽然没有任何土腥味，但曾吃过爱创新的朋友做的"剁椒红头鱼"，口味很奇特，还是不离"鲜香"二字，不禁慨然：海鱼剁椒竟然如此别有洞天，以后不妨用别的海鱼再来一试，说不定还有意外惊喜呢！

至于西红柿、煎豆腐炖红头鱼则是另一种别出心裁的新吃法，味道也很不错哦！大家可以自己试着做做。

红头鱼是近海低层鱼种，常栖息于泥沙底质海区，能用胸鳍游离鳍条在海底匍匐爬行，曾看过一张它打开蝴蝶翅膀般的漂亮鳍条在海底漫步的照片，很梦幻。它是东海、黄海拖网捕捞的主要对象，渔获的适宜水深约为67～70米，由于它的生殖期在春末夏初，所以每年3～4月鱼群由黄海越冬场北上生殖洄游，秋末冬初向南越冬洄游，4～5月为捕捞盛期。

红头鱼每百克含17.2克蛋白质，脂肪仅1.7克，是典型的高蛋白、低脂肪鱼种，且富含叶酸、维生素B_2、维生素B_{12}等。它鱼肚处的鱼肉微苦，恰能清心泻火、清热除烦，能够消除血液中的热毒，适宜容易上火的人食用。另外它还有滋补健胃、利水消肿、通乳、止嗽下气的功效，对水肿、浮肿、腹胀、少尿、黄疸、乳汁不通皆有效用。

滋味去处

　　总有一些海鲜会让我深刻地忆起儿时生活的某些瞬间和某种感悟。它牵动的不仅是味蕾，而是一个大连人溶于血脉的海的况味。

　　在兜兜转转寻味中，蓦然回首，滋味去处即是来处。在海的怀抱里快意畅游、在嶙峋礁石间恣意玩耍、在海鲜美味中翻身打滚儿间，我已成长为海的女儿。

　　根植于大海之中，我的尾在摇曳，我的钳在舞动，我的鳞在闪烁，那里就是我的来处。

焙干的海肠子胜似味精

很多老大连提起海肠子都嗤之以鼻，大连新移民们因为它难以对付而对其敬而远之。海肠子对大连老口味其实有特殊贡献，只是大多数人吃得糊涂而已。

海肠子对大连饮食的特殊贡献是因为只有渤海湾才出产这种海鲜，咱们看着普通，其实其他沿海地区的人见都没见过它。

海肠子学名叫"单环刺螠"，现在的定论是"渤海湾沿海的珍稀生物"，老大连对此不屑是因为从前人们都拿它当鱼饵，真正拿它当吃食也就是近几十年的事。虽然它比蚯蚓要粗大得多，但它还是被当时的人们归于"鱼喂子"一类。小时候父亲领我们姐儿仨去赶海，有时在早春时节，会在退潮的滩涂上碰上挖"鱼喂子"的人。当时分不清是海蛆还是海肠子，反正挖出来的有粗有细。只见那人手持大铁锹，照着大大小小还冒着气泡的眼洞铲下去，然后撅起满满一铁锹泥沙，"啪"地翻拍在身后的泥地上，便有粗大鲜红的海肠子和细小的海蛆在泥里蠕动。要领是快，否则，在沙水里吐泡休闲的海肠子听到声音就钻洞跑掉了。大连夏家河子一带海肠子最多，因为那里滩涂面积最大。

先当"鱼喂子"，后来海肠子地位有所升级，大连的老厨师有用焙干的海肠子碾成粉当味精用的，效果不逊于现在的鸡精。

听老大连说，由于近年大连滩涂面积不断缩小，加之人们对海肠子的营养价值认识提升，大连本地产海肠子几乎已经没有了，我们现在吃的海肠子95%都来自胶东半岛的山东莱州。

尽管每斤价格高达几十元，又丑陋无比，而且烹炒火候极难把握，但"7根海肠子胜过1个鸡蛋"的美誉和鲜美的口感，还有温补肝肾、壮阳固精的药用价值，都令人们尤其是男人们趋之若鹜。

早春的海肠子，配以头刀韭菜，就是海肠子的经典菜式——海肠子炒韭菜。取"长久有余财"的好彩头，特点就是一个字——鲜。炒时动作要快，否则就变成"胶皮管子炒韭菜"了。海肠子有个外号叫"七秒沙虫",沙虫是海肠子的别名,所谓七秒,就是鲜海肠子扔到热锅里,七秒之内必须出锅,否则就老了。

大连人还擅长用海肠子包饺子,重点在对海肠子的处理上。活海肠子清干净内脏。用剪刀剪开的海肠子像一张纸,用盐和白醋揉搓后用清水漂洗,去掉黏液,然后将海肠子切成1厘米见方的小片,拌进喂好的肉馅和韭菜里,剩下的就跟做三鲜饺子一样了。肉馅要切成小丁,否则绞成泥的肉馅呈蛋状,不利于海肠子鲜味的散发。

最近看到有厨师琢磨出海肠子的两种新吃法——海肠子米线和海肠子丁焖米饭。套句网络俗语:"人类已经阻挡不了大连人吃海肠子了!"海肠子米线据说点击率还相当地高。把海肠子切成小丁,加上肉丁、鸡蛋、韭菜末、小黄豆等炒好以后加在刚出锅的大米饭上,这就是海肠子丁焖米饭。还是咸鲜口,但鲜得很独到,大家可以自己尝试尝试。

吃"杂拌"的垂涎一直流到这个时代

"杂拌鱼"并不是某种鱼，而是一种吃鱼的方式，或者说是一道菜名。早年的大连渔民把捕获的大鱼卖掉后，经常会剩下一些小杂鱼，但又舍不得扔，就把它们放在一起炖，不仅不串味儿，反而更鲜。沿袭下来，成了一道很有名的大连海鲜菜。很多年轻的大连人对此已十分陌生，因此只能循着文字去回味那从前的鱼香了。

小时候还兴供销合作社那会儿，物质虽未极大丰富，但一些生活必需品在合作社都买得到。每到周末，大马车或拖拉机载着从农村采购来的鱼、肉、菜昂然地停在合作社狭小的院门口。听着喧嚣的人声响起，妈就会给我1角钱，让我拿着小铝盆去楼下排队买上1斤鱼或几块豆腐。我的同学孙云兴住我家楼上，他也会闻声冲下楼，不过不是去排队，而是趁那些卖货员卸货的当口儿，以高大的马头或硕大的马屁股做掩护，拽一捆儿芹菜或抓几把杂拌鱼，撒腿就跑。偶有运气不佳，被卖货员抓住，照腚上踹两脚，孙云兴就

会假意干号两嗓，挤出几滴眼泪，卖货员也只好无奈放人。不过大多数时候孙云兴都能"得胜而归"。当晚，他家就会飘出鲜美的炖杂拌鱼的香味。面对着四个整天饿得眼睛发蓝的半大小子，父母对孙云兴的行为睁只眼闭只眼也可以理解了。

那时的杂拌鱼里通常有黄花、黑鱼、黄鱼、条鳎（俗称舌头鱼）、偏口、辫子鱼、红头、鲇鱼，等等，没有准儿，遇上什么算什么，总在5种以上，不到1角钱1斤。而且那时的杂拌是"纯天然的"，即一网一块儿上来的，天然搭配好的。而现在，鱼贩子们把各种鱼"条分缕析"，什么鱼卖什么价。看看上面列出的杂拌鱼种类，现在哪一种单独卖还不都是天价，混在一起卖岂不"暴殄天物"？

有偏好杂拌鱼的主儿也有办法，据说华北路市场有个鱼贩子专给好这口儿的现场搭配，17元钱2斤，价钱还算公道。也有钓鱼一族，自己动手，丰衣足食。跟朋友去钓过鱼，通常都是钓上来一两种鱼，能钓上来5种以上鱼的不多。曾听钓友讲他在金州石河子的北海矶一次钓上来了辫子鱼、胖头鱼、鲅鱼、鲈鱼、海鲋、梭鱼……真正的杂拌鱼啊！

炖杂拌鱼可用酱焖，也可加几块豆腐炖，锅边再贴圈小饼子。甚至有渔家乐直接加水清炖，临熟了加把盐就得了。杂拌鱼的鲜味迥异于任何一种鱼，大约是每种鱼都为此鲜味贡献出自己独特的一味吧！杂拌鱼让人留恋的是一种生活方式，一种自然、简单又五味杂陈的"杂拌"生活。

滋水的蚬子锅里煮才是老大连经典吃法

蛤蜊这个不起眼的小东西，在文人墨客的堆儿里可重要着哩。这都缘于一句成语——且食蛤蜊，说的是《南史·王融传》中的一个典故。王融是南齐有名的文学家，出游时碰到了一个叫沈昭略的著名怪才，因沈昭略不认识王融，王融很不爽，说我这么有才华，名气这么大，谁不知道，你怎么会不认识我！沈昭略淡然一笑说，你说的那些事我都不知道，咱还是吃蛤蜊吧！

后有大师陈寅恪用"食蛤哪知天下事，看花愁近最高楼"表达对蒋介石的不屑和感国之伤。总之，蛤蜊充当了文人们超然物外或互相蔑视的中介。

蛤蜊被文人们选中自然是因为它的鲜。大连人管蛤蜊只叫"蛤"，小的叫"蚬子"。从外观上分为文蛤、花蛤、毛蛤，等等，近年才有更大的蛤种如象拔蚌等被引入。

儿时记忆里最感亲切的小海鲜就是蛤蜊，因为能自己亲手赶到。每到周末，父亲就带着我们姐儿仨翻过一座山，直奔盐岛的海滩。俗话说"初一十五正晌赶，初八二十三两头赶"，说的就是赶蚬子的规矩。算好了时间，我们几个就迫不及待地扑向退潮的海滩。用爸爸给我们手工制作的粗铁丝小笊子，在柔软的泥沙里"刷楞刷楞"地挖开了。退潮时滩涂上有各种海物聚居的小洞，有小鬼蟹子、海曲蟮、蝼蛄虾，等等，我们不会分辨也不用整得那么明白，那时的海，肥！看着小洞只管拿小笊子挠上去，一块儿泥翻过来，各样的蚬子骨碌骨碌就滚出来了，把壳上的泥搓下去，再在跟前儿的小水湾里涮涮，一个漂亮的大蚬子就可以装袋了。有胆大的男孩子走到齐腰深的海水里，赤脚在水里不停地踩来踩去，这是他们赶蚬子比较高级的打法——踩蛤蛤，以脚当手，踩到大蛤后，就一个猛儿钻到水里，用手抠出来。虽说看着比我们费劲儿，但水深蛤大，数量也多，有时一把能抓出三四个。我们水性不行，只能干眼馋。不管怎的，当晚妈妈总会煮一锅蚬子犒劳我们。

现在最遗憾的就是天天吃蚬子但没一个是我自己赶的了，因为没处赶了，只好在吃法上下功夫了。

虽然外国人对蛤蜊情有独钟，拿它做出各种西餐配料，青岛人还整出了个"蛤蜊节"，节上以吃"蛤蜊宴"为荣，什么拌、炝、炒、爆、炸、烧、烩、氽汤、制馅……很壮观的一桌，几十种吃法，但我看着只一个感受：真是暴殄天物啊！大连人经典的吃蚬子方法当然还是辣炒蚬子、蚬子芸豆面、蚬子馅饺子。不过我吃蚬子基本都是煮。一小盆还滋水的蚬子只加铺底的水，不加任何调料，一个开儿后，听得蚬子"啪啪"地开壳，拿出一个来，直接喝干蚬子壳里的汁，那个鲜啊！再用门牙一铲，舌头一吮，完美结束！

海鲜味儿和海蛎子味儿的区别

都说大连人说话有一股海蛎子味儿。上大学的时候，很多同学问我这是什么意思，为什么不说大连方言有别的海鲜味儿，比如说蚬子味儿，或是咸鱼味儿。其实我也百思不得其解，就胡诌说，因为当年海蛎子最便宜，大家就认识这种海鲜，所以就用它代表大连方言了。虽然这解释并无根据，但它还是间接证明了大连人和海蛎子的深厚渊源。

"大连湾牡蛎"在百度百科中被列为牡蛎的一大类，据说牡蛎在中世纪就已经被欧洲人当作一种激发春情的食物，可见其食用历史之悠久。

虽然邓刚说所有大连海域的海鲜只有海参是不能出海就吃的，但我觉得除非饿急眼了，谁也不会打上黄花鱼就生啃两口。海边人有句俗语"生吃蛎子活吃虾"，这里的"生吃"是真的生吃，而"活吃虾"指的是吃活的虾，但还是需要一些辅助手段，或腌或煮。所以唯一可以在海边直接生吃的，非牡蛎莫属。

小时候去海边赶海蛎子，叫"刨海蛎子"，因为海蛎子是附着在海边礁石上的，当时有童谣唱道："旅顺口，老虎滩，赶海的老婆腚朝天，打个蛎子尝尝鲜！"我和同伴们往往是揣了两个饼子，拿着剪子、小撬子、扁铲等工具，拎着一只饭盒或大碗，奔赴退潮的海边岩石。等白花花的牡蛎壳露出海面，就用剪子尖沿着两片蛎壳中间的缝隙边缘插进去，再用力一撬，上壳翻起，青色肥美的牡蛎肉就暴露无遗了，用小铝勺轻刮，连肉带汁收获到饭盒里。刨到饭盒装满了或饿了，就掏出饼子咬一口，再趴在岩石上吮两口牡

蛎原汁，鲜得没法儿说。

有了生吃海蛎子垫底，其他的吃法实在是小巫见大巫。网上总结出21种生蚝的吃法，依我看就剩下"闹褶子"了。现在近海都被承包了，新鲜的海蛎子虽说市场上也有，不过跟自己趴在岩石上吃的总不是一个味儿。有阵子市里搞"大讨论"，有市民建议能否留出近海海域供市民游泳、赶海，我们这些老大连人举双手赞成。

再回头说这海蛎子味儿，大约初识大连人和初听大连话，都有生吃海蛎子时的那股既腥又鲜的感觉，很生猛，有点儿呛人，可久之细品，那种原汁原味，直接爽快，又令人回味无穷。

蝼蛄虾，从鱼饵到美食的翻身

不知道蝼蛄虾身世的人，看到市场上的蝼蛄虾金贵时卖到30元一斤，顶多撇撇嘴不买，可从小钓过蝼蛄虾的都禁不住要骂娘。不仅因为从前蝼蛄虾量大不值钱，更因为它根本不是人吃的，而是钓鱼用的饵料。现在这个价儿估计很少有人用它钓鱼了，当然人们也挖掘出了它的美食营养价值，所以对蝼蛄虾翻身貌似也没什么接受不了的。

其实不怕大家笑话，俺家从前就吃蝼蛄虾的。前两天看了张老照片，乐得直喷。说民国时的老百姓穷不聊生，只能靠吃大闸蟹度日。我的同学就有家里穷得没法，他父亲只好去附近的缫丝厂背回几乎白给的茧蛹回家炒着吃，结果我们都因缺少各种营养而瘦小枯干，他则有红似白，健壮得很。现在才想明白，三个茧蛹顶一个鸡蛋呢！

小时候肉贵，平时也吃不着，父亲就领着我们姐儿几个休息日去海边赶点儿时令小海鲜解解馋。到了夏天，蝼蛄虾也是我们"搂草打兔子"的对象。

蝼蛄虾只在黄、渤海沿岸的滩涂和沙地里有，所以很多南方人根本不认识这种奇奇怪怪的东西，还有些北方人把它跟虾怪、虾蛄（虾爬子）等混为一谈。

退潮时，爱钻泥的蝼蛄虾会留下许多蛛丝马迹——就是它挖洞的小眼，个个都有笔杆粗。我们就把上毛笔课用得劈了叉儿的毛笔、尺把长的苇子棍儿插到洞里。蝼蛄虾爱干净，插到它家里的这些东西让它很不爽，就用两个大螯钳住笔杆，使劲儿往外顶。等蝼蛄虾快要出洞口的一瞬间，要抓住它的大螯和笔杆一起迅速拽出来，否则它就"嗖"地撤回洞里。蝼蛄虾喜欢群居，有时一平方米内能插十几个笔杆，它们纷纷摇动时，就意味着有十几只蝼蛄虾要落网，确实考验水平和心理素质。

虽然刚钓上来的蝼蛄虾脏兮兮、灰突突的，但洗净煮好后就很上台面。很多人吃不惯它的土腥味儿，可爱吃的人吃的就是这股味儿。近年来营养学家们发现了蝼蛄虾里含有虾青素、虾壳色素、胡萝卜素、鸡油菌黄质、玉米黄质、异玉米黄质、隐黄素等成分，其特点是高蛋白、低脂肪，并含有大量的矿物盐，这也与爱健康的人们的心理吻合了，这价格也就蹭高地涨。

听说还有饭店专门为蝼蛄虾办了个"蝼蛄虾美食节"，又是干锅，又是红锅涮。可我觉得还是直接煮着吃最能体现蝼蛄虾的核心美味，腥的内脏、香的膏黄、鲜的虾肉，无不与小时候那简单纯粹的生活味道相呼应，这才是我爱吃蝼蛄虾的真正原因吧！

吃掉"老板"这条鱼

小时候吃海鲜不像现在可以应季尝鲜，虽说老板鱼是春夏两季大量上汛，但当时的渔民大多不敢滥捕滥捞，等到老百姓看到老板鱼的时候，新鲜是肯定谈不上了，只剩下为隆冬时节准备鱼干了。即便如此，老板鱼干仍然是我童年记忆中最美味的食物之一。

每次买来鲜老板鱼，母亲就在鱼身上改上花刀，撒上点儿细盐腌渍使之出水，挂到窗外晾晒，牙口好的想吃硬点儿的，就让它干透，否则就晾个半干。到了春节前的腊月二十八九，把老板鱼用清水泡软洗净，剁成块，放点儿面粉、鸡蛋，用油炸熟。也有人家把它和晾晒好的萝卜条一块儿蒸出来，再淋点儿香油，就着饼子吃。山东人春节有清汤"八大碗"菜肴，其中就有清汤炸老板鱼。大连人在清汤炸老板鱼的基础上改成烩炸老板鱼，做法很简单，在炒大白菜时加一些粉条和炸老板鱼，白菜的鲜香加上炸老板鱼的鱼香，对食物匮乏年代的我们来说，是最美味的记忆。

老板鱼还成就了一道著名的大连老菜——白菜心拌老板鱼丝。将白菜心切成细丝，把老板鱼干洗净放锅里蒸熟，待鱼凉透后，用手撕成丝，同白菜丝一起拌匀，再将大蒜捣成泥加上酱油、老醋、香油兑成汁，倒在白菜和鱼丝里，再抖点儿香菜就齐活了。这道凉拌菜无论是佐酒还是空嘴吃，口味都十分独特鲜美。

像我们怀旧一族如果馋老板鱼干了，也不用自己动手，去像玉华市场那样的集市，在挂的旗幡一样的晒鱼干中选一条，就可大快朵颐了，一切都由经验老到的鱼贩代劳，实在是美哉美哉。

及至能尝到时鲜的今天，吃到鲜活的老板鱼又是另一种人生体验了。不论什么季节，只要一想到要吃鲜老板鱼，同事几个肯定直奔"财神捞"海鲜火锅店，当然得赶早，否则仅有的几条活老板鱼可是"时不我待"。老板鱼属于海洋中的贫油鱼，脂肪很少，但它体内含有少量尿素，如果新鲜还罢，稍不新鲜就会有一股氨味，既刺鼻又辣眼。所以，敢用老板鱼肉涮锅吃，你想那鱼得多新鲜！

因为老板鱼的形状特殊，所以它有很多别名：劳板鱼、劳子、锅盖鱼、蒲鱼、虎色、夫鱼、鲂鱼、水尺、油虎，等等，又因它的形状像极了农民犁地用的农具犁铧头，有人又叫它铧子鱼。其实它的学名叫"孔鳐"，来源于古称"鹞鱼"，是说它的双鳍特别发达，好像一只展开双翅的大鹰，又似翱翔天空的鹞子。

因为老板鱼的谐音是"老伴鱼"，取"相伴到老"的美好寓意，所以至今农村的结婚喜宴上，老板鱼都是必不可少的一道佳肴。

当然老板鱼还被很多职场人认作是一条叫作"老板"的鱼，于是有人写下如此肺腑切齿之文字：遇上无良老板，敢怒而不敢言，不妨高举屠刀，恶狠狠地剁下去，碎尸万段，然后下油锅，滚滚炸透，痛食其肉，以消心中块垒。随心所欲不逾矩，径须以老板鱼干代之即可。

海带，一件儿时趁手的"兵器"

很多人都不认为海带应该归类为海鲜。但百度百科对"海鲜"这个词的解释是：出产于海里的可食用的动物性或植物性原料。海带当然是植物性原料，所以在海鲜的分类中，它被归为"海菜类"或"海藻类"。

海带对于儿时的我，玩物的意义远远大于食物。每年的5~7月，只要刮起6级以上的偏南风，和我一个学习小组的刘成就会得意地说："走，捡海带去！"他家住在黑石礁，每到刮大风，近海的野生海带和海藻就会被卷到岸边，漫滩遍野，褐绿相间。我们在他的带领下，总能找到海带漂上来最多、最好的区域。先是每人找到一根又长又宽的海带当作"趁手"的兵器，呼啸着挥舞起来，冲向或岩石或海水或同学等"假想敌"，抽来抽去之间，海带就被抽得稀烂，换根再来，直到累得筋疲力尽，大家就坐在岸边，边休息边看刘成捡些薄薄的海带边儿直接扔进嘴里，起劲儿地嚼。我们也学他吃起来，不过除了苦腥味儿，没别的印象。等到夕阳西下，大家要各自回家时，刘成就会从书包里掏出个大网兜，挑些又厚又大的海带带回家去，说是他妈给他们做海带汤喝。因为我爸妈都是吉林人，大学毕业后分配到大连，所以对大连海鲜的认识仅限于吃鱼，尽管我经常去海边玩海带，但从未拿回家过，更甭说让家里大人做海带汤了。

随着我长大成人，海带的营养价值也逐步为大众所熟知，海带就频繁进入我的食谱了。由于海带富含多种微量元素，高蛋白、低热量，是维生素和矿物质丰富的海产品，所以以汤粥类方法食用能最大限度激发其营养成分。海带粥是我的最爱。提前将海带煮至五分熟，其余跟煮粥无异，用小火熬至粥成，随口味可调甜口或用麻酱、香油、盐调咸口，海带软烂，海鲜味儿十足，既养颜又健康。用海带做汤更是选择多多，我尝试过的有排骨海带汤、海带冬瓜汤、豆腐海带汤，等等。海带也是一种很"随和"的海藻，无论与谁配伍，都不抢别人的风头，还把自己奉献得很彻底，所以，在用海带做汤时，你尽可发挥自己的想象力，勇于创新。

大连人吃海带，凉拌也是首选方式之一。芝麻拌的、麻辣口的、拌鸡丝的、拌黄豆的……总之，爽口和营养丰富是一定的。海带难煮烂让很多人对

它敬而远之，我的经验是，在煮海带时，加点儿碱或滴几滴醋，或者放几棵菠菜，都能让海带很快软烂。

海带虽是营养又好吃的东西，却被人们赋予了不怎么光彩的寓意，像近来流行的"海龟（海归）"变"海带（海待）"之说。据说韩国的高考生在考前一定要吃年糕，取意"高中金榜"，最忌讳吃海带，因为海带性腻、易滑落，吃了有落榜之嫌。

专属于丈人爹的鲅鱼

说起关于鲅鱼的风俗，大连人最熟悉的莫过于"谷雨到，鲅鱼跳，丈人笑"这句俗语，是说女婿每到5月鲅鱼的春汛时，要在第一时间买两条大鲅鱼送给丈人爹，以示孝敬，所以这鲅鱼又叫"爸爸鱼"。

因为我家有三个女儿，所以从很早起，我家就不缺鲅鱼吃。20年前，我家吃鲅鱼最常见的方式就是熏鲅鱼。那时几乎吃不到新鲜的鲅鱼，送来的鲅鱼差不多都是冷冻的，不过这种鱼恰恰最适合做熏鲅鱼。鲅鱼切片时的处理很重要，新鲜的鲅鱼直接切鱼肉反而会被弄得稀烂。我继承了妈妈做熏鱼的好手艺，家里的熏鲅鱼都由我承包。将缓冻后硬度适中的鲅鱼喀里喀喳切段并处理干净，直接投入葱姜末、生抽、料酒、盐、五香粉腌制一天一夜，然后将鱼段捞出，摆在盖帘上沥干，再下油锅炸至肉紧捞出控油。有的人家会回锅调味再煮，我家则是直接吃，就饼子米饭都是无比美味。

尽管熏鲅鱼需要一天一夜才能吃到嘴，已经够烦琐的了，但比起后来流行的将鲅鱼肉制成馅包饺子、汆丸子，我觉得还是要简单一些。虽然鲅鱼肉

多刺少，但对家有老小的主妇来说，这风险实在是不小，一根刺就能要了命。不过对大连人来说，鲅鱼丸子汤、鲅鱼馅饺子着实有吸引力，现在好办了，去饭店就能吃现成的。

对真正新鲜的鲅鱼，我认为炖才是王道。像炖其他鱼一样，加越少的佐料才越能凸显鲅鱼的鲜美。俗话说"梭鱼头，鲅鱼尾，鲫鱼肚子鲇鱼嘴"，这鲅鱼的尾巴不仅鲜美，因它富含胶原蛋白，所以很滑嫩，每次鲅鱼尾都归了儿子和父母。

与鲅鱼密不可分的还有两种海鲜，必须一起说说。一种是与鲅鱼很相似的鲐鲅鱼，还有一种就是鲅鱼的食物——鲅鱼食。起初吃鲅鱼的时候，因为我父母都不是地道的大连人，根本分不清哪个是鲅鱼，哪个是鲐鲅鱼。结果把鲐鲅鱼当鲅鱼买回家吃，直接后果就是过敏体质的姐姐当晚就进了医院。因为鲐鲅鱼体内酶的活性比其他鱼类强，形成能引起人类中毒的组胺成分的

滋味去处

能力也强，所以更容易引起中毒。其实仔细分辨还是很容易区分的。鲐鲅鱼体形短粗，身上有青绿色的花纹，而鲅鱼则细长，身上呈青黑色，有不多的黑色斑点。

鲅鱼食虽惨为鲅鱼的食，却是我的最爱。10元钱3斤的便宜价格让我觉得它还被称为海鲜实在是冤死了。通常我会把它简单腌制再裹上面，轻炸出锅，香脆鲜之余，刺似乎像不存在一样不知怎么就被直接拽出口去。

因为鲅鱼是目前少数几种不能人工饲养的海洋鱼类，又有这样两个近亲的衬托，所以愈发显得珍贵起来了。

铁锅煎青鱼那缕难忘的香

年轻一代的大连人都不太知道青鱼为何物了。因为产量比二三十年前大幅减少，市面上几乎看不到了，偶尔鱼市上有卖的，只有四五十岁或以上的人买来吃，当作念旧，年轻的移民们总是把它跟鲅鱼混为一谈。

20世纪七八十年代，青鱼可说是支撑大连人生活的"顶梁柱"。当时的大连海域资源富足，听老辈儿渔民说，海里的青鱼多得他们都懒得捕。那时很少有机动船，摇船、张网捕鱼全靠人力，小船撑出离岸边百八十米就开始下网，网里的青鱼多到提不动，需七八条大汉才能勉强提网进舱，每网如此，有时甚至不得已把网里的鱼倒掉一些才行。那时的青鱼只有几分钱1斤，所以童年的记忆里，青鱼似乎天天陪伴着我。

青鱼最大的特点是刺多，这也是今天的年轻人多吃不惯它的原因。不过小时候为让孩子们吃饱肚子，大人们也想了不少招。父亲年轻时出差去上海，背回来一口大黑锅，是平底的，直径有半米多。每当有新鲜的青鱼上市，母亲就把鱼收拾干净，在其上抹盐，摆放在帘子或板儿上，放到风凉处晾晒，晾到鱼"绷"住皮儿为好。那时家里也没有油，好在青鱼的脂肪丰厚，把晾好的青鱼逐个儿摆放在大平底锅里，小火慢煎，须臾，烤出的青鱼油"刺刺啦啦"地响起来，香味也随即争先恐后地飘满整个厨房。直到现在，要是在楼道里闻到煎鱼的香味，小时候吃煎青鱼的情景就会立刻浮现在眼前。煎青鱼是父亲的绝活儿，煎好的青鱼不会因粘锅而"皮开肉绽"，同时鱼皮、鱼肉连鱼刺都酥酥的，吃起来又香又脆，小孩子当然不会被鱼刺扎到。

对付青鱼的鱼刺还有一种吃法，就是我们常在超市里看到的"茄汁青鱼"（也有写鲭鱼的，但据《辞海》，鲭鱼是鲐鱼的别名，所以那应该是用鲐鱼做的而非青鱼）。前半部分的工序和炖其他的鱼差不多，只是要加入啤酒、西红柿（切成小块）和一袋番茄沙司。开锅后，调好口味，连鱼带汤倒入高压锅内，大火放气两三分钟改小火，焖半小时关火，冷却后开盖，一锅色香味俱全的茄汁青鱼就做好了，连刺都酥烂了。

每年的3月中旬至4月上旬是青鱼的产卵时节，青鱼的卵粒大鲜美，常在日本料理中鲜食。尽管小时候爸妈常吓唬我说"吃多了鱼子不识数"，我还是欲罢不能，青鱼鱼子几乎都由我一人"包办"，导致至今数学奇差。

青鱼的学名叫"鲱鱼"，在欧美，它的知名度可比在中国高多了。由于欧美的鲱鱼产量奇高，又易变质，所以人们通常用撒盐、熏干的方式保存，而经历这个过程后，鲱鱼就变成了深红色，还会发出一股独特的臭味。后来，"熏鲱鱼"或"红鲱鱼"就成了"用来混淆是非的假线索"的代名词，成为侦探推理小说中误导读者思路的诱饵。英国侦探小说家多萝西·L. 塞耶斯的《五条红鲱鱼》就是其中的代表作。

波螺勾引人的手段就在那鲜溜溜的汤汁间

和13岁的外甥说起"捡波螺"的话题，他迷茫地问："在哪儿捡？在卖鱼的地方捡人家掉在地上的波螺吗？"令人哭笑不得之余，感慨一种生活方式彻底消失了。虽然有网友说现在在长海县的某些岛屿还能捡到波螺，不过对城里的孩子来说，那将永远成为梦想了。

小时候赶海，很重要的内容之一就是"赶波螺"。各人拿着自家饶有特

色的家什，什么小筐啦，铝饭盒啦，甚至小书包啦……到了周三下午或周日，同学们就结伴儿跑到盐岛附近的海边，管它退潮不退潮，先在海边狂玩一顿，不知谁喊了一声："走啊，抠波螺去！"大家便想起什么似的，"呼啦啦"向礁石群跑去。

大连海边多的是花波螺和香波螺，就是那种圆腔的、指甲盖大小的深棕绿色的小波螺，一片一片地吸附在黑色的礁石上。起先大家还颇有耐心地专找大的抠，抠着抠着便不耐烦起来，干脆用饭盒接着，用手使劲儿往下划拉，小波螺的吸盘哪里承受得了这么干，便不分大小"哗啦哗啦"地掉到家什里。

回到家，让大我几岁的姐姐赶紧下锅煮熟，这样，在爸妈下班前我们姐儿仨就能把一饭盒波螺吃个精光，省得他们又要批评我未经允许就去海边玩。姐妹因有鲜波螺的犒劳，也乐得和我一起保守秘密。

当年最爱吃一种屁股像锥子一样尖的波螺，叫"海锥子"。吃它必得有一样工具，就是钥匙。将尖屁股塞进钥匙眼里，"咔嚓"一掰，再掉过头去吮吸大头，鲜咸的波螺肉"刺溜"一下就被吸进嘴里了。波螺肉不大，也没什么嚼头，就为吮吸那股鲜溜溜的少得可怜的汤汁，为了让汤汁形成一种连续的口感和滋味，很多时候我都是"刺溜刺溜"一个跟一个地往嘴里吸，手嘴配合得十分默契，比嗑瓜子还快。

吃圆波螺就比较费劲儿，需要更复杂的工具。那时父母都在研究所工作，最不缺的就是曲别针和大头针。拿起煮熟的波螺，躲开波螺口处的像塑料片一样的小盖儿，将曲别针抻直插入旁边的肉中，小心翼翼地轻轻旋动圆波螺，一个完整的波螺肉就被拽出来了。那时同学间最愿比谁抠波螺肉的本事高。我更爱用大头针，因为有尖，更容易扎进肉里，但也有弊端，就是不太容易固定住，旋转的时候容易滑落。

波螺是我们那代人小时候重要的零食。有时间就自己去海边赶，没时间，海边的渔妇会拐着筐卖到楼前，一毛钱一小玻璃杯，很可以打发作业不多、玩物不多的童年。不像现在的孩子，掉进各种补习班、膨化食品和游戏里，家长也不会拿15元1斤的波螺来给孩子当零食了。对如此金贵的波螺，全家也要正襟危坐，拿出郑重的态度煞有介事地品尝着其实没什么可咂摸的东西，感觉实在是物虽稀也不值得如此以为贵啊！

大对虾留给大连人的恋乡情结

40岁以上的大连人对海虾始终有一种敬仰之情，尽管以今天的眼光看，海虾无论在口感还是价格上早已被诸多海鲜新贵所超越。这种感情来自于他们小时候海虾的稀缺和昂贵，也来自于童年时作为一个大连人，这种"大海鲜"带给他们的荣耀和自豪。

大连人最常吃的一种海虾叫作"中国对虾"，学名"东方对虾"，它的主产区就分布在我国黄、渤海的辽宁、河北、山东省和天津市沿海，尤以大连海域的产量和品质为最好。20世纪70年代，这种虾的价格为每斤3～4元，且往往是成对出售，因而被称为"对虾"。当年父母都是同样稀缺的大学本科毕业生，每月100多元的工资，但吃大对虾对我们来说仍然是很奢侈的行为。我从记事起，就常听母亲念叨，这大虾是越来越贵了，当年在学校食堂，大虾1毛钱给一大铲子，她是和1959年她从吉林老家来大连工学院（今

滋味去处

天的大连理工大学）上大学时相比的。

　　小时候印象最深的就是父母经常给在外地的爷爷奶奶、姥姥姥爷和同学朋友邮寄干虾仁，那时的加工技术十分有限，记得虾干都黄黄的，还残留着些许干虾皮，但在当时人的眼里，这是最能代表大连海鲜和大连人心意的贵重礼物。

　　对虾留给大连人的恋乡情结让我这个留守在本土的大连人感受很深。有很多高中同学大学毕业留在了外地工作和生活，每当回乡找我，必得跟我要正宗的大连对虾吃，走时不论季节价格都要装一箱冰鲜的带走。他们说，甭管野生的还是养殖的，终归还是咱大连海域里出产的东西，跟别处的就是不一个味儿。

　　至今同事们吃饭，即使是普通的饭局，有小时候家里穷的大连同事，仍然会问："今儿个上没上'硬菜'？"我们都知道，他说的硬菜就是大虾，除此之外，无论啥海鲜，在他眼里都不够硬。

　　对虾虽也分为浅海的和深海的，但它的特性是离开海水很快就会死去，所以市场上不会看到活蹦乱跳的对虾。但大连人仍然有口福吃到足够新鲜的对虾。尤其是最近一两年，大连市实施了增殖放流政策，使得中国对虾的产量也大幅增长。

由于新鲜的对虾烹饪后有漂亮的红珊瑚颜色，所以大连人多选择能让它展示完美体貌的烹饪方式，如盐水、白灼、盐爆、油焖、干烧等。我则最爱做爆大虾，虽然口味重了点儿，但更能发挥大虾的鲜劲儿，口感更丰富，吃起来也更"气势磅礴"，给大虾以应有的霸气。

大连人请客常以人手一只盐烤大虾开席，不为标榜大连人多有钱，而是以此表达对大虾难以取代的敬仰之情吧！

鲜美又百搭的海红

梁实秋对海红有个形象的比喻，说其肉像晒干了的蝉，言语间透着嫌乎人家丑的意思。蔡澜则更过分，称剥开海红的壳，肉中还有一撮毛，像人体的某部分云云，实在是不忍卒读。不过海红并不理会，这种已被人类吃了2000多年的海鲜，以它的霸气和实力，仍牢牢占据人们的餐桌，并以比从前更高的身价和烹饪形态昂扬登场于世界各地。

其实海红并不像两位名家说的那么不堪，它的"红"字同"虹"，非常形象地表达出它的特色——即它的贝壳内面泛出像彩虹一样的五彩光芒。由于纬度和海域的不同，世界各地的海红贝壳的颜色不完全相同，尤其是外壳有黑、青、绿、灰、银等颜色，但内壳几乎都闪烁着贝母般的梦幻色彩。海红是大连人的叫法，南方人都称这种海鲜为"淡菜"，很匪夷所思，它既不淡，也不是菜。学界更多地称其为"青口"，大概因为它由外而内由深到浅的青色吧！

说起海红，情感很复杂。因为小时候能吃到的小海鲜里，数它最便宜，不像大虾那么让人无法亲近。而且家里大人做海红能变化的花样最多，曾给我们"嘴里淡出鸟来"的童年生活增添了许多难以忘怀的滋味。时至今日，海红仍然是最便宜的小海鲜，没有之一，因为花蚬子都比它贵。可是想吃却口难开，因为海红作为一种重要的浅海养殖贝类，也是最容易受到重金属污染的品类，很多人因此放弃吃这种从前最喜欢的小海鲜。

滋味去处

有"红粉"仍然勇往直前，因为海红的性价比和鲜美度实在是没的说。海红又被称作"海里的鸡蛋"，因为它的蛋白质含量高达59%，并含有8种人体必需的氨基酸，脂肪含量仅为7%，且大多是不饱和脂肪酸，同时它还和鸡蛋一样含有丰富的

钙、磷、铁、锌和维生素B、烟酸等，对促进人体新陈代谢、保证大脑和身体活动的营养供给具有积极的作用，这是一般的鱼、虾、肉等都达不到的营养高度。

身为大连人的幸福是不用研究"海红干"怎么吃，因为我们吃新鲜的海红肉还来不及呢！海红的鲜美和百搭让它几乎成为各种海鲜传统菜和创新菜的主角。大连人最流行的吃法当然是煮，然后是炸海红，用海红做汤、下面条、包包子，也有温拌、沙拉等，大都讲究借势海红的鲜劲儿而为之；欧洲人和我国南方人则喜好红烩、香焗、烧烤等做法，总之也是将其奉为西餐的上等食材。人们对海红作为食材的喜爱在各种海红食谱中可见一斑，我见过的对海红最异乎寻常的创新菜谱是：黑豆菜花手擀海红面。至于这到底是个什么面，网上有图有做法，但看上去真的营养又好吃，大家可以百度并学做。

超级鲜美的海鲋竟有忽雌忽雄的本事

以前听海钓客讲起"海鲋"，总是不知所云。待看到鱼的真身，才知道原来就是加吉鱼，不过以前常吃红加吉，并不知还有黑加吉一说，再后来才知道大连人对于黑加吉的深厚感情远超红加吉，全是因为黑加吉是海钓客评价甚高的鱼种，这源于它的钓季长，易上钩，味道鲜美，体形较

大。所以，即使你不擅长垂钓，也不应该不知道海鲋这种鱼，因为它太"大连"了。

加吉这一类鱼学名都被叫作"鲷"，红加吉叫"真鲷"，黑加吉就叫"黑鲷"，其实我觉得黑加吉有点儿名不副实，因为它看上去并不黑，而是泛出银灰色或青白色，而不像红加吉那样理直气壮地泛出粉红色，正因如此，黑鲷还被叫作"海鲫子"，因为它的外形和颜色太像鲫鱼了，不过它最可贵之处是不像鲫鱼有那么多的刺，而且营养价值丝毫不比鲫鱼差，更兼有海鱼的鲜美，无土腥味。吃海鲫子时你大可不必类比着想起张爱玲的人生三恨之"恨鲥鱼多刺"了。

说起吃海鲋，谁都没有海钓客的口福。他们的口头禅是"钓海鲋时一定要带着辣根和酱油"，你就猜着人家都是怎么吃海鲋了——生鱼片呗！海鲋的钓季为春秋两季，春钓时间短，一般在5月份（立夏前后）至6月末（小暑前后），近两个月的时间，此时钓的一般都是小鱼；秋钓时间较长，一般在8月中旬（立秋后）至11月下旬（小雪前）近4个月时间，此期间为海鲋生长期，当年小鱼至11月份可由几克长至150克，若钓到上年的海鲋则可达半斤到2斤重。海钓客们甚至总结说，海鲋虽然耐低温，遇到寒流钓上来半天都不死，但总有冻僵的时候，这时的海鲋是最鲜的。有好尝鲜者带着锅在船上或海边直接酱焖，这种境界真不是咱这些只能从鱼市买回家吃的人所能体会的。不过在鱼市买到新鲜的海鲋咱也有咱的品鲜办法，小点儿的炖，大点儿的清蒸，遇到新鲜度较高的一定要用它做鱼汤。清水下锅炖鱼，加几滴油、几片姜，炖到汤白调味，再撒点儿葱花、香菜末，这时的海鲋尽显海鲫子的本色，汤鲜肉美，才不枉大连人与海鲋的一片深情厚谊。

海鲋是又一种有着雌雄转换本领的鱼类。幼鱼时全部是雄性，待性成熟过程中雌雄共体，到4龄鱼时则多数为雌性了。大多数的鱼类都是将卵产在水中，并在水中孵化，但是海鲋的卵却是在母体里面孵化，5~6个月后，未完全长成的幼鱼才从母体出来，这种现象叫作"卵胎生"，这也是海鲋不同于大多数鱼类的独到之处，你不得不对这种具有超级适应环境能力的鱼肃然起敬。

"血统不纯"的大头鱼原来就是鳕鱼

大连人老早就吃大头鱼，但并不知道它就是大名鼎鼎的"鳕鱼"。鳕鱼开始在中国流行，起源于肯德基的"深海鳕鱼堡"，那时的鳕鱼代表的是一种神秘、高贵和"大老远儿"的感觉。即便是近年来，人们知道了大头鱼其实是鳕鱼的一种，但仍以淡定的心态和低廉的价格消费着这个"贵族鱼"，尽管权威专家说只有大西洋鳕鱼、格陵兰鳕鱼和太平洋鳕鱼才能称得上是纯正的鳕鱼，不过这并不耽误大连人吃这个血统不纯正的"经济适用鱼"。

大头鱼的头大、嘴大、肚子大，且刺少肉嫩，而最美味的是它大大的鱼肚、鱼肝和"鱼花"。很多有经验的大连吃家盛赞的都是它的鱼杂。由于鳕鱼属于冷水性底层鱼类，它们大多生活在0~16℃的寒冷海水中，南极鳕鱼甚至可以在零摄氏度以下的海水里优哉游哉地生活，这都得益于它大大的鱼肝中较高的含油量和它高于一般鱼类的脂肪含量。鳕鱼肝还富含维生素A和维生素D，是提取鱼肝油的上好原料。

对稍小的大头鱼，人们一般采取通常的家焖、红烧、炖豆腐等吃法，碰到大个儿就分而食之，买家各取所需，卖家按需要价。什么生鱼片、红焖鱼头、红烧鱼尾、炒鱼肚、熘鱼段、鳕鱼丸汤，最有特色的吃法是"鱼花菜"，就是将雄性鱼花用精盐搓揉后，再用开水冲烫沥干，然后下锅加调料爆炒，口味香浓，营养丰富；还有"盐爆鱼子"，把还未成熟的鱼卵用开水冲烫，然后加调味料在锅内快速翻炒，口感外咸内淡，让人欲罢不能啊！

大头鱼也是夜钓客的最爱，听老钓鱼客们绘声绘色讲怎么钓大头鱼，有趣得很。由于大头鱼都需要到深海钓，而深海大头鱼的体重通常在10~30斤，所以大家都用电动竿，否则钓着了都拉不动。大头鱼适合夜钓，每到傍晚，钓客的小船漂荡在海中，他们将装了马达和充电器的电动竿架好，静等大头鱼上钩，彼时鱼竿顶端的小灯荧荧闪烁，和着波光粼粼的水纹，那意境真是美极了。最重要的时刻当然是将大头鱼斩获之后，顶灯伴着电动竿"吱吱"的响声离你越来越近，将战利品送到面前，对挑灯夜战、餐风露宿的钓

海灯节

鱼客来说是最大的奖赏。

据说百元以上1斤的鳕鱼才是真正的鳕鱼，其他都是仿冒品。其实除了其中一种叫作"油鱼"的假鳕鱼对身体比较有害外，其他的只是不像那些血统纯正的鳕鱼的营养那么全面而已，并无大碍。我们吃的大头鱼大都是黄海海域的近海鳕鱼，因为钓鱼客们曾经在三山岛、盐岛和财神礁等海域钓到过大头鱼。前些天我还在鱼市上看到两条巨大的大头鱼被扔在过道上，因为它大到摊主的小摊档里已经放不下了，看每条足有30斤，一问，果然是在长海海域捕获的。

海兔子鱼的正确打开方式：晾晒

海兔子鱼在现在的市场上难得一见，但它并未因此而物以稀为贵。因为一些人是因不认识它而对它敬而远之，而另一些人是因太了解它而不屑吃它。不管怎样，海兔子鱼都曾是老大连人餐桌上一道独特的风景。

海兔子鱼不是海兔，它是一种体形庞大的海鱼，而海兔则是我们对一种小乌鱼的俗称，这是最基本的"普法"；其次海兔子鱼也不是先生鱼或安康鱼，有图为证。先生鱼的鱼鳍坚硬且多，而海兔子鱼的鱼鳍几乎像舌头鱼那样软绵绵的；安康鱼和海兔子鱼的鱼皮都是滑溜溜、软塌塌的，但安康鱼的颜色是深褐色的，而海兔子鱼则周身是白里透粉的浅色。据观察，海兔子鱼应是与舌鳎为同一科属，尤其扒了皮后更是如出一辙。

前面说到知道海兔子鱼的人只是拿它当作调剂口味的东西，在物资匮乏年代尤其如此。由于海兔子鱼的鱼肉含水量特大，新鲜的鱼肉面面的，吃起来口感有些"懈"，所以似乎只有一种吃法最适合它——晾成鱼干。

眼下正是海兔子鱼上市的季节，昨天在鱼市看到据说是来自旅顺龙王塘海域的海兔子鱼。鱼贩说，海兔子鱼好像知道自己不怎么待人亲，只在北风起了之后才进入鱼汛，就为了人们把自己扒皮掏肚，晾晒出去再吃。要是赶上大夏天的进入鱼汛，没人愿意吃新鲜的海兔子鱼，晾出去爱臭又不爱干，哪里还有市场？如此看来，这也是一种"适者生存"吧！

尽管只有晾鱼干一种吃法，不过很多人对海兔子鱼干可是爱得紧噢！40岁以上的大连人说起海兔子鱼，都会满怀深情地回忆起小时候最难忘的一道菜——海兔子鱼干拌白菜心。家里大人买来新鲜的海兔子鱼后，第一步就是扒皮，海兔子鱼的鱼皮很薄，不像先生鱼或安康鱼那样，待扒去鱼皮后好像脱去了羽绒服的感觉；第二步要掏去鱼杂，当年这些东西都是扔掉的，现在有人爱吃这口了，也就留着了；第三步，撒上盐稍加腌制，然后穿到铁丝上挂到外面暴晒或任由北风吹刮。待鱼肉完全干透，就收起来留到冷的时候吃。

在做凉拌鱼干时有几个诀窍，首先是鱼干浸泡时间的长短要视鱼干的软硬程度而不同。浸泡到鱼干整体发软即可，不要浸泡过头影响口感，蒸熟后，口感以鱼干嚼起来微微有点儿韧劲儿为最佳；其次，蒸好的海兔子鱼干最好是再次整体自然晾晒或风干一下，让其表皮的水分收干，半干不湿的程度最好。再有，鱼肉不要用刀切，鱼骨拆下后，鱼肉一定要用手撕成片或条，搭配切成丝的白菜心、蒜泥、香菜碎，以酱油、香醋、料酒、白糖、味精和香油拌匀而成的碗汁凉拌食用，口感和风味最佳。

多油多刺的鲅鲫鱼烤得酥香

在大连，有一类被人们称作是"穷吃穷开心"的鱼。这老话的来历是说当年大家都很穷，只能吃些便宜喽唆的小杂鱼，所以穷富不是从人上论，而是从鱼上论。这些鱼有着共同的特征：身体侧扁，瘦瘦薄薄，银鳞亮片，还有就是多刺，别看这类鱼看着就是一副"穷相"，可这许多年来，却让大连人开心得很哪！

头一种要说的就是鲅鲫鱼。它非鲅鱼非鲫鱼，但身上似乎集中了这两种鱼的特点，另外它背上的青底黑点还有青鱼的气质。大连人也有叫它"令吉""海鲫鱼""海刀子"的。鲅鲫鱼可以说是大连的小杂鱼中最具大众

相、最接地气儿的一种鱼了，光看出现的场合就知道了——它最受欢迎的地儿就是烧烤店。甭管什么档次的烧烤店、烧烤摊档，准保少不了"烤鲅鲫鱼"。鲅鲫鱼的多油脂很像青鱼，所以大家愿意拿它来烤。尤其是夏天，新鲜的鲅鲫鱼都不用怎么加盐，直接烤出来，就着滋滋冒出的油，那鱼又鲜又脆又香，恍惚间，有吃肉的感觉。鲅鲫鱼不光受烧烤摊主青睐，就是寻常百姓家也很宠爱这种又便宜、又好侍弄、又好吃的鱼。前男友的爸爸是大连钢厂的工程师，早年间，从厂子里顺点儿公家的车辐条、铁丝网啥的，那是很"名正言顺"的事儿，稍加改造，烤网和穿鱼的钎子就都齐活了！自家烧烤自然功夫下得深些，去鳃刮鳞，两面斜切两刀，有时抹点儿盐，有时刷点儿油，两根辐条穿过鱼身，在炭火上把鱼差不多烤干了，爱吃辣再刷上点儿孜然、辣椒面，这时那些什么肉啊刺啊的，咔咔嚼巴嚼巴都咽了，品香还来不及呢，刺根本挡不住俺们探索美味的舌头！

比鲅鲫鱼稍差点儿的是另一个品种——刀鲚子，鱼体要比鲅鲫鱼小，体态更扁，全身白鳞，几乎没肉，两面两排刺，似刀片般瘦削，故而得名。似这种没肉儿的鱼，只有煎、炸、烤才能"消刺于酥脆"，否则没法儿吃。人们一般是用面糊裹了，不论煎、炸、烤，都得往"过火了"整，才能达到"酥脆香鲜"的境界，还不会被刺卡到，这才算吃明白这种鱼了。

还有一种叫作"鲙鱼"的，很多人在市场上见过这种鱼，只是不知道它叫什么。鲙鱼体形比前两种鱼大些，肉稍厚，全身银白色，仅吻端、背鳍、尾鳍和体背侧为淡黄绿色，还是很好辨认，鲙鱼的吃法较多，但比起那些刺少肉多的鱼，还是煎比较适合它。

不太懂鱼的人很容易把这几种鱼混为一谈，其实相比更多名不见经传的小杂鱼来说，它们在江湖上还算有"名号"的了，也是咱大连人餐桌上的常客。吃这些鱼的"穷开心"劲儿大概就体现在不分鱼肉鱼刺，都塞到嘴里，不顾形象地越嚼越香的过程里吧！

一个不漫天要价的"角儿"——辫子鱼

辫子鱼是那种大连人一提起来就很亲切的鱼，因为它既不像大海鲜那么让人敬畏，不好料理，又不像小海鲜那样太过随意就可吃来嚼去，不上档次，它是那种既可上台撑场子又不漫天要价的"角儿"，可贵得紧。

辫子鱼学名叫作"鲬鱼"，虽然它还有众多外号，如牛尾鱼、拐子鱼、摆甲鱼、狗腿鱼、尖角子、中鱼、山肖、竹甲、刀甲，等等。但大连人还是习惯叫它辫子鱼，很简单，它的外形像极了大辫子。

说起辫子鱼的吃法，确实体现出它"上得厅堂，入得厨房"的优秀品质，意思是说，它既可以做得像个高档海鲜，也可以成为普通百姓餐桌上的日常海鲜。记得小时候，过年过节能吃得上熏鲅鱼已然是很奢侈了，有时买不到鲅鱼，家里大人就弄来几条辫子鱼，也如鲅鱼般切成圆滚滚的鱼段，虽然维度明显小了一圈，但也权且可以滥竽充数了。像做熏鲅鱼一样，去鳞、腌渍、晾干、油炸，待稍微晾凉，一大盘端上桌去，那是相当地有"硬菜"的气场，反正至今我的印象中，没有五香熏鱼就不算大餐。

以后鱼越吃越高档，辫子鱼从价格到做法也越来越平民化，但也没耽误了大连人对它的钟爱，一些更民间、更普通的吃法流行了起来，最流行的当然还属"辫子鱼炖萝卜"。鱼和茄子炖、和豆腐炖比较寻常，也的确好吃，但海鱼和萝卜炖，辫子鱼大概属独一份，不过经过实践，也还真的很鲜、很香，辫子鱼和青萝卜相互借势，各展优势，不枉创出这独特菜谱的人的一片苦心。

当然，最家常的方法还是酱焖，辫子鱼鱼肉稍显粗糙，用酱焖可多炖一会儿，使酱香深入骨髓；也可用蒜烧，味道鲜辛出位，吃起来让人对长相平

滋味去处

平的辫子鱼刮目相看。说到酱焖辫子鱼，还有一些旧俗，说是焖辫子鱼必须用面酱。好厨师炒面酱是有技巧的，葱花炝锅，小火慢炒，极能勾起食欲。肝脏万万不可丢弃，留在鱼腹里，谁吃到了，仿佛中了头彩。旧时候下饭馆，有一个不成文的规矩：倘若鱼腹内没有鱼肝，这盘辫子鱼炖萝卜就算店家白送了。

辫子鱼在我国沿海都有，但以黄、渤海产量较多，各海区的渔场常年均可捕获，但以春、夏两季渔获量较集中。辫子鱼每百克肉含蛋白质18.5克、脂肪2克，也是个高蛋白、低脂肪的经济类鱼种。

关于辫子鱼有一条要说明，因为辫子鱼有个俗名叫"摆拉甲子"，是说它较为凶猛，捕食或拒捕时疯狂甩动尾巴，意即"扑楞角"，所以在处理活鱼时很难去鳞，于是有"吃辫子鱼不用去鳞"的说法，这是不对的。辫子鱼的鱼鳞虽小，但无论如何一定设法除去，不然既影响口感，也难以消化。

枉担了"贼名"的墨斗鱼

说到墨斗鱼，先想起的不是鱼，而是它身上的"乌鱼板"。小时候吃墨斗鱼不咋记得住，"玩鳔"的经历可是印象深刻。其实叫"乌鱼板"为"鳔"不准确，乌鱼板的学名叫"海螵（piāo）蛸（xiāo）"，是一味常用的中药材。

每逢家里吃墨斗鱼，大人把乌鱼板拉出来，用水冲冲，就随手扔在窗台上，说这是药材，将来晾干了就能用得上了。不过吃了许多年墨斗鱼，也没见大人给我们用药，却见同龄的小朋友和同学都拿这乌鱼板干了别的，不禁群起效仿。上街玩时，人人手里抓着一把乌鱼板，要么在柏油马路上划来划去，看着白白的板螵变成一堆雪白的粉末随风散去，要么把它当粉笔，画个跳方或跳皮筋的界线，要是有同伴不慎划伤了手指，用它锉些粉末下来撒到创口上，立马血就止住了，这时才明白大人说的药材的作用。

玩归玩，说起墨斗鱼，美味还是毋庸置疑的。"乌贼"是墨斗鱼的统称，鱿鱼不过是其中一个叫作"枪乌贼"的分支。只有墨斗鱼才有上面说的乌鱼板，其他如鱿鱼的"板"都退化成了一张像塑料布似的膜。

墨斗鱼的处理是一大技术难题。要剥皮、拉骨、挖眼珠、去墨汁，经过这些步骤后还能保持墨斗鱼完好无损，你的处理技术才算过关。当然斜切拉花的刀工也是考验之一，要是做墨斗鱼仔就不用费这许多功夫了，只去掉眼珠即可。

大连人最喜欢的墨斗鱼吃法是炒韭菜。将处理好拉好花的墨斗鱼切成小块与韭菜清炒，不用加什么作料就能鲜掉下巴。或者将墨斗鱼块焯水后蘸辣酱吃，也很有大连人的范儿哦！不过大连人还有更有范儿的吃法，就是将墨斗鱼剁成泥，做墨斗鱼泥丸子汤或做墨斗鱼馅饺子。因为墨斗鱼的肉质较有韧性，脾胃虚寒的人吃了不易消化，而化成墨斗鱼泥或墨斗鱼馅，既美味又好吸收，是以更受一家老小的喜爱。

比较复杂而有档次的做法是剁椒墨斗鱼仔，这个比较博采众长的吃法融汇了川菜中的"辣"元素，其实与大连人蘸辣椒酱有异曲同工之妙，只是要在墨斗鱼仔的肚中塞入入了味儿的猪肉馅，四周撒上剁椒再上锅蒸，看上去就很有南北结合的风味。

墨斗鱼不但是美味佳肴，还是一味很有名的中药。它味甘咸、性平，入肝肾二经，有滋肝肾、补血脉、愈崩淋、利胎产、调经带、疗疝瘕之功。前面提到的"海螵蛸"，更是一味制酸、止血、收敛之常用的中药。

关于墨斗鱼的桥段，《酉阳杂俎》上说："昔秦皇东游，弃算袋于海，化为此鱼，形如算袋，两带极长。"宋代周密在《癸辛杂识续集》中曾说："盖其腹中之墨可写伪契卷，宛然如新，过半年则淡如无字，故狡者专以此为骗诈之谋，故谥曰贼。"所以，"乌贼"实在是枉担了很多不实之名。

滋味去处

多春鱼的妙处尽在齿间爆裂的一瞬间

"京都多春雨，回首多春光。公子多春情，绿草多春芳。八载多春伤，橙子多春鱼。"这首以咏景、咏人至咏情的悲凉小诗，无奈地借景抒情，且婉转迂回、反复兴叹，最后却只得以看似无关的菜名结尾，把古代女子面对移情夫君的百般不甘隐于恭顺贤良外表下的种种心态，淋漓尽致地表现出来。令人嗟叹之余，倒也牵出本文的主角——多春鱼。

多春鱼，属胡瓜鱼目胡瓜鱼科，包括产自日本北海道的柳叶鱼、产自冰岛的毛鳞鱼，还有产自加拿大与美国太平洋海岸的油胡瓜鱼或毛鳞鱼。多春鱼体长，侧扁，细小，但恰巧由于它的"多春"，造成了它本来不大的身躯三分之二都被肥嘟嘟的鱼子所占据，因此，名实很符。

吃多春鱼就是吃的这个"春"，即鱼子。曾听过无数初来大连的人干过的"蠢"事——把多春鱼开膛破肚去头，还无辜地说："鱼不清理怎么吃啊！"当然，大家干出这事儿也不奇怪，多春鱼并不是大连的地产海鱼。即使是大连人也只是在每年的8月份左右，才能吃到由日本海域打捞上来的多春鱼，且鱼汛短，产量少。即便如此，大连人还是十分偏爱多春鱼，因为它惯常的吃法很接近大连人的饮食习惯，比如炸、烤、煎等，既香又脆，且价钱又不十分贵。

那么，到底该怎么吃多春鱼，还是有法可循的。多春鱼买回家，只要在腮下豁一道小口，就可以连腮带肠子一起抽出。洗一下，晾干水，就可以用盐、料酒、姜腌起来，不要腌太久，大约10分钟就行了。同时，用生粉调一小碗粉汁，打一个鸡蛋，搅成蛋浆。起油锅，七八成热，把多春鱼在蛋浆里蘸一下，再在粉浆里蘸一下，放到油锅里。用竹筷拨动一下，当鱼身炸到浅金黄色的时候，用笊篱捞起来。美味的香炸多春鱼就做好了！现在，你可以慢慢地感觉鱼身带着蛋香的酥脆，鱼肉的清甜鲜美，特别是当牙齿咬到一整包鱼子时，细细的鱼子在你齿间爆裂的快感……那一瞬，才是你最值得等待的时刻。

大连人最爱的吃法儿还是烧烤，我也觉得那才是多春鱼的全部，全部的身体，全部的口感，全部的回忆。很多大连小伙吃烤多春鱼，连头带刺都吃，我尝试了几次，口感真的很奇妙，那样吃才能真正体味大连的烧烤文化，就像吃烤鱿鱼，一定要到街上在烟熏火燎间吃，而不是坐在酒店里正襟

渔港夕照

危坐地吃。

从小时候起我就超爱吃各种鱼子，所以数学从小就奇差，自从有了多春鱼，唉，基本就不会数数了。多春鱼营养丰富，鱼子含有大量的微量元素、矿物盐和蛋白质，虽然胆固醇有点儿高，还是挡不住爱"子"之人食指大动。

被鄙视的假鲍鱼是深藏不露的真海鲜

说到假鲍鱼，大连本地人的第一反应应该都不会错，是指"假鲍鱼"，而不是指"假的鲍鱼"；很多大连新移民和外地人则会完全糊涂掉了，这二者有什么区别？就不是真鲍鱼呗！要说清楚这个问题还得先从主角"假鲍鱼"到底是什么说起。

大连人所说的"假鲍鱼"学名叫作"水泡蛾螺"，它其实是一种海螺，只不过它的螺肉像极了鲍鱼的外形，所以大家才给了它"假鲍鱼"的称号。又由于它的学名十分拗口，不如"假鲍鱼"来得形象又上口，长久以来，甚至很多老大连人也只知道它的俗名，而说不上它的学名了。至于"假的鲍鱼"，最常见的是不良商贩用一种叫"石鳖"的贝类冒充鲍鱼，当然这指的是假货鲍鱼。

对假鲍鱼还有一个纠结的问题就是它是海水的还是淡水的，提这个问题并不多余，因为很多鱼贩都不知道。别看普通沿海居民都对假鲍鱼知之甚少，但进入学术领域的假鲍鱼则名声大噪。目前已报道的在我国分布的蛾螺科种类有13个属31个种，而在我国辽宁、山东、福建沿海的蛾螺科有5个属10个种，其中的水泡蛾螺则只在大连的旅顺、长海等海域有出产，且它们都生活在近50米深的海水里，是一种不折不扣的深海螺。由于它出产量小，捕捞困难，所以市场认知度也低，一般只在每年小年前后的鱼摊上才见几天，价格也相对便宜，10元钱1斤，还被顾客问来问去不知"这到底是什么东西"。

　　假鲍鱼不怎么受人待见还有一个原因是难伺候。它的黏液较多，处理起来很麻烦。通常的办法是用盐搓，洗净再煮，其他的跟吃海螺的打法差不多。由于假鲍鱼的螺肉水分大，口感比起香螺等大型海螺相去甚远，所以一般都拿它来凉拌。将煮好的螺肉片薄片用来拌小葱，味道倒是不输给凉拌蚬子肉或毛蛤肉。也有用它炒螺片的，味道就差点儿。至于煮面条、下汤则是各家有各家的吃法，也上不得什么台面了。不过总归是只有大连的海里才有的东西，人们还是十分给这些便宜的海鲜一些面子，到了它的季，就尝尝鲜儿，算对得起它了。

　　了不起的是它的"外国亲戚"。据媒体报道，澳洲水泡蛾螺被选为生物实验对象，随"神八"上太空遨游了一圈并活着回到了地球。这个实验是将纤细裸藻、小球藻、澳洲水泡蛾螺放在同一个密闭空间中，组成了一个生物循环系统。纤细裸藻消耗澳洲水泡蛾螺产生的二氧化碳，同时制造氧气提供给澳洲水泡蛾螺；小球藻则是澳洲水泡蛾螺在太空的食物，同时也给澳洲水泡蛾螺供氧。小球藻还有一项重要功能——分解澳洲水泡蛾螺产生的废弃物。据称，这项实验还将在今后几年发射到太空的中国载人空间站上继续进行，远期目标是通过生物方法解决未来人类在太空长期生活需要的一半氧气和食物供应，并处理掉人类在太空产生的排泄物等废弃物。可见，被学术界称为进化得最差的水泡蛾螺担负的使命非我们所能想象。

滋味去处